河南省工程建设标准设计

蒸压加气混凝土板材墙体构造

DBJT19-05-2018

河南省工程建设标准设计管理办公室　主编

黄 河 水 利 出 版 社

· 郑州 ·

图书在版编目（CIP）数据

蒸压加气混凝土板材墙体构造 / 河南省工程建设标准设计
管理办公室主编. —郑州：黄河水利出版社，2019.9
ISBN 978-7-5509-2521-2

Ⅰ．①蒸… Ⅱ．①河… Ⅲ．①蒸压-加气混凝土-混凝土板-
墙体结构-建筑构造-标准-河南
Ⅳ．①TU528.72-65②TU227-65

中国版本图书馆 CIP 数据核字（2019）第 212874 号

策划编辑：贾会珍　　　电话：0371-66028027　　　E-mail：xiaojia619@126.com

出 版 社：黄河水利出版社
　　　　　地址：郑州市金水区顺河路黄委会综合楼 14 层　　　邮政编码：450003
发行单位：黄河水利出版社
　　　　　发行部电话：0371-66026940、66020550、66028024、66022620（传真）
　　　　　E-mail：hhslcbs@126.com
承印单位：郑州市兴华印刷有限公司
开本：787mm×1 092mm　　1/16
印张：4
字数：92 千字　　　　　　　　　　　　　　　印数：1—5 000
版次：2019 年 10 月第 1 版　　　　　　　　　印次：2019 年 10 月第 1 次印刷
定价：50.00 元

河南省工程建设标准设计

公 告

第 2 号

关于发布河南省工程建设标准设计《蒸压加气混凝土板材墙体构造》、《内置保温现浇混凝土墙体构造》二项图集的公告

由河南省建筑科学研究院有限公司编制的《蒸压加气混凝土板材墙体构造》、《内置保温现浇混凝土墙体构造》二项标准设计图集,经河南省工程建设标准设计技术委员会评审通过,现批准发布为河南省标准设计,自 2019.9.1 起生效,原 13YTJ106《内置保温现浇混凝土墙体构造》同时作废。标准设计图集技术问题由编制单位负责解释。

附件：标准设计图集名称

河南省工程建设标准设计管理办公室

2019.9.1

附件

标准设计图集名称

图集号	统一编号	图集名称	编制单位	发布日期	有效期（年）
19YJT117	DBJT19-05-2018	蒸压加气混凝土板材墙体构造	河南省建筑科学研究院有限公司	2019.9.1	3
19YJT118	DBJT19-06-2018	内置保温现浇混凝土墙体构造	河南省建筑科学研究院有限公司	2019.9.1	3

蒸压加气混凝土板材墙体构造
编 审 名 单

编制组负责人： 李建民　张培霖

编制组成员： 魏洪献　倪童心　苗　立　张　宇　郝珈漪　朱惠新　孙志胜　张　丹　王光辉

　　　　　　　陈红霞　冯惠萌　王明奇

审查组组长： 李　光

审查组成员： 徐公印　周建松　郑丹枫　季三荣

技术服务电话： 0371-63949846

协编单位技术人员：

河南兴安新型建筑材料有限公司　司正凯　张肖云

偃师市华泰综合利用建材有限公司　王松伟　王晓波

洛阳豫港龙泉新型建材有限公司　王社伟　唐振晓

南阳市广利建材有限公司　顾　华

河南邦之兴建筑工程有限公司　李松林

李建民	李建民
审核	
张培霖	张培霖
校对	
倪童心	倪童心
设计	
倪童心	倪童心
制图	

蒸压加气混凝土板材墙体构造

河南省工程建设标准设计统一编号：DBJT19-05-2018　　　　图集号：19YJT117

编制单位：河南省建筑科学研究院有限公司

编制单位负责人　刘宏奎

编制单位技术负责人　李建民

技术审定人　徐宏峰

设计负责人　李建民

张培霖

目　录

目录 ·· 01～02

编制说明（一）～（九）················ 03～011

外墙竖板

外墙竖板连接构造详图索引 ·················· 1

外墙竖板无地下室勒脚 ······················ 2

外墙竖板有地下室勒脚 ······················ 3

钢筋混凝土柱外包外墙竖板 ·················· 4

钢筋混凝土梁外包外墙竖板 ·················· 5

钢筋混凝土结构内嵌外墙竖板（一）·········· 6

钢筋混凝土结构内嵌外墙竖板（二）·········· 7

钢结构柱与外墙竖板连接 ···················· 8

钢结构梁与外墙竖板连接 ···················· 9

外墙竖板女儿墙 ···························· 10

外墙竖板洞口角钢加强 ···················· 11

外墙竖板洞口扁钢加强 ···················· 12

外墙横板

外墙横板连接构造详图索引 ················ 13

外墙横板无地下室勒脚 ···················· 14

外墙横板有地下室勒脚 ···················· 15

钢筋混凝土柱外包外墙横板(一) ············ 16

钢筋混凝土柱外包外墙横板(一) 内嵌外墙横板(一)···· 17

钢筋混凝土结构内嵌外墙横板（二）·········· 18

钢结构外墙横板（一）···················· 19

钢结构外墙横板（二）···················· 20

外墙横板女儿墙 ···························· 21

外墙横板洞口角钢加强 ···················· 22

外墙横板洞口扁钢加强 ···················· 23

| | 图集号 | 19YJT117 |
| 目录(一) | 页次 | 01 |

目　录

窗框安装构造 ……………………………24

门框安装构造 ……………………………25

内墙安装 …………………………………26

内墙交接部位构造 ………………………27

内墙连接构造详图索引 …………………28

内墙连接构造（一）………………………29

内墙连接构造（二）………………………30

吊柜、铁架、埋管安装 …………………31

钢结构构件外包防火薄板 ………………32

附表1～附表3 主要连接件选用表（一）…………33

附表4 主要连接件选用表（二）………………34

附表5 外墙板缝做法选用表 ……………………35

附表6 内墙板缝做法选用表 ……………………36

附表7 外墙板洞口加强扁钢选用表 ……………37

附表8 外墙竖板洞口加强角钢选用表 ……………38～39

附表9 外墙横板洞口加强角钢选用表 ……………40～41

附表10 B05级板材墙体热工指标选用表（寒冷地区）………42

附表11 B05级板材墙体热工指标选用表（夏热冬冷地区）…43

附表12 B06级板材墙体热工指标选用表（寒冷地区）………44

附表13 B06级板材墙体热工指标选用表（夏热冬冷地区）…45

附表14 B07级板材墙体热工指标选用表（寒冷地区）………46

附表15 B07级板材墙体热工指标选用表（夏热冬冷地区）…47

李建民	李建民
审核	
张培森	张培森
校对	
倪童心	倪童心
设计	
倪童心	倪童心
制图	

李建民

审 核

魏洪献 魏洪献

校 对

张培蕾 张培蕾

设 计

张培蕾 张培蕾

制 图

1 适用范围

1.1 本图集适用于河南省抗震设防烈度为8度和8度以下地区新建、改建、扩建的民用与工业建筑。

1.2 本图集适用于建筑高度不超过100m的钢筋混凝土结构和钢结构的非承重外围护墙和内隔墙。

1.3 蒸压加气混凝土板材墙体不得用于下列情况：

    （1）建筑物防潮层以下的外墙；

    （2）长期处于浸水和化学侵蚀环境；

    （3）承重制品表面温度经常处于80℃以上的部位。

2 编制依据

《建筑材料及制品燃烧性能分级》	GB 8624-2012
《蒸压加气混凝土板》	GB 15762-2008
《建筑结构荷载规范》	GB 50009-2012
《混凝土结构设计规范》（2015年版）	GB 50010-2010
《建筑抗震设计规范》（2016年版）	GB 50011-2010
《建筑设计防火规范》（2018年版）	GB 50016-2014
《钢结构设计标准》	GB 50017-2017
《民用建筑隔声设计规范》	GB 50118-2010
《民用建筑热工设计规范》	GB 50176-2016
《公共建筑节能设计标准》	GB 50189-2015
《混凝土结构工程施工质量验收规范》	GB 50204-2015
《建筑装饰装修工程质量验收标准》	GB 50210-2018

《建筑工程施工质量验收统一标准》	GB 50300-2013
《墙体材料应用统一技术规范》	GB 50574-2010
《无机轻集料砂浆保温系统技术规程》	JGJ 253-2011
《蒸压加气混凝土建筑应用技术规程》	JGJ/T 17-2008
《耐碱玻璃纤维网布》	JC/T 841-2007
《河南省居住建筑节能设计标准（寒冷地区65%+）》	DBJ41/062-2017
《河南省居住建筑节能设计标准（夏热冬冷地区）》	DBJ41/071-2012
《河南省居住建筑节能设计标准（寒冷地区75%）》	DBJ41/T184-2017
《河南省公共建筑节能设计标准》	DBJ41/T 075-2016

3 主要内容

本图集主要内容包括：蒸压加气混凝土板材及配套材料的主要技术参数、建筑及结构构造节点、节能设计参数及热工指标等。

4 蒸压加气混凝土板性能要求

4.1 蒸压加气混凝土板的构造示意参见图4.1。板厚≤125mm的板材为平口板，板厚≥150mm的板材为企口板，外墙板均选用企口板。

4.2 蒸压加气混凝土板的钢筋宜采用HPB300级，应焊接形成钢筋网和钢筋骨架。采用单层钢筋网的墙板仅用作保温板、隔声板和饰面板。

4.3 钢筋保护层厚度应为20mm，钢筋必须进行防腐防锈处理。

4.4 蒸压加气混凝土板的纵向受力钢筋应经计算确定，直径不宜超过10mm，间距不应＞200mm，数量不得少于3Φ6。主筋端部应焊接3根横向锚固钢筋，直径与最大纵向受力钢筋相同。外墙板端部构造见图4.4。

4.5 板分布钢筋直径不小于6mm，钢筋间距用于内墙为800～1000mm，

| | 图集号 | 19YJT117 |
| 编制说明（一） | 页次 | 03 |

李建民

李建民

审核

魏洪献

魏洪献

校对

张培霖

张培霖

设计

张培霖

张培霖

制图

用于外墙为500~600mm。

4.6 蒸压加气混凝土板的技术指标应符合表4.6.1~表4.6.11的要求。

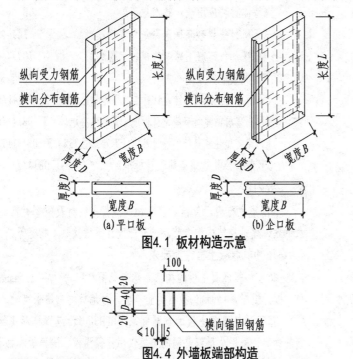

图4.1 板材构造示意

(a) 平口板　　(b) 企口板

图4.4 外墙板端部构造

表 4.6.1 蒸压加气混凝土板强度等级要求

类型	强度等级
外墙板	A3.5、A5.0、A7.5
内墙板	A2.5、A3.5、A5.0、A7.5

表 4.6.2 蒸压加气混凝土板基本性能

强度级别		A2.5	A3.5	A5.0	A7.5
干密度级别		B04	B05	B06	B07
干密度（kg/m³）		≤425	≤525	≤625	≤725
抗压强度（MPa）	平均值	≥2.5	≥3.5	≥5.0	≥7.5
	单组最小值	≥2.0	≥2.8	≥4.0	≥6.0
干燥收缩值（mm/m）	标准法	≤0.50			
	快速法	≤0.80			
抗冻性	质量损失（%）	≤5.0			
	冻后强度（MPa）	≥2.0	≥2.8	≥4.0	≥6.0
导热系数(干态) [W/(m·K)]		≤0.12	≤0.14	≤0.16	≤0.18
抗冲击性能（次）		≥5			
单点吊挂力（N）		≥1000			
软化系数（%）		≥0.85			

表 4.6.3 蒸压加气混凝土板常用规格

长度L（mm）	宽度B（mm）	厚度D（mm）					
1800~6000（300模数进位）	600	50	75	100	125	150	175
		200	250	300	120	180	240

注：1.50mm厚板材为防火薄板；2.其他规格由供需双方商定。

表 4.6.4 蒸压加气混凝土板钢筋防锈要求

项目	防锈能力	钢筋黏着力
防锈要求	试验后，锈蚀面积≤5%	≥1.0MPa

表 4.6.5 蒸压加气混凝土板耐火性能

产品类型	原材料	干密度级别	规格(mm)	耐火极限(h)	燃烧性能
墙板	水泥、矿渣、砂	B05	2700×(3×600)×150	>4	不燃烧体
防火薄板			50	>3.50	

注：1. 防火薄板耐火极限为参考值，应以检测机构的检测报告为准；
　　2. 采用防火薄板外包的构件，耐火极限应符合《建筑设计防火规范》
　　　 GB 50016-2014(2018年版)的规定。

表 4.6.6 外墙板最大板长规格表

板厚（mm）	150	175	200	250	300
板长（mm）	5200	6000	6000	6000	6000

表 4.6.7 内墙板最大板长规格表

板厚（mm）	50	75	100	125	150	175	200	250
板长（mm）	1400	3000	4000	5000	6000	6000	6000	6000

表 4.6.8 蒸压加气混凝土板尺寸允许偏差

项目	指标
长度 L（mm）	±4
宽度 B（mm）	0，-4
厚度 D（mm）	±2
侧向弯曲	≤$L/1000$
对角线差	≤$L/600$
表面平整（mm）	≤3

表 4.6.9 蒸压加气混凝土板材墙体隔声性能

建筑做法	构造示意	下列各频率的隔声量(dB)						100~3150Hz 的计权隔声量Rw（dB）
		125 Hz	250 Hz	500 Hz	1000 Hz	2000 Hz	4000 Hz	
100mm厚板材墙体双面刮腻子喷浆	3‖100‖3	32.6	31.6	31.9	40.0	47.9	60.0	39.0
150mm厚B06级板材墙体无抹灰层	150	37.4	38.6	38.4	48.6	53.6	57.0	46.0
200mm厚板材墙体无抹灰层	200	31.0	37.2	41.1	43.1	51.3	54.7	45.2

注：1. 本表数据除注明外，均为B05级水泥、矿渣、砂加气墙板；
　　2. 抹灰为1：3：9（水：石灰：砂）混合砂浆；
　　3. B06级制品隔声数据系水泥、石灰、粉煤灰加气混凝土制品。

表 4.6.10 蒸压加气混凝土板外观缺陷限值和外观质量

项目	允许修补的缺陷限值	外观质量
大面上平行于板宽的裂缝（横向裂缝）	不允许	无
大面上平行于板长的裂缝（纵向裂缝）	宽度＜0.2mm，数量不大于3条。总长≤1/10L	无
大面凹陷	面积≤150cm^2，深度t≤10mm，数量不得多于2处	无
大气泡	直径≤20mm	无直径＞8mm、深＞3mm的气泡
掉角	每个端部的板宽方向不多于1处，在板宽方向尺寸为b_1≤150mm、板厚方向尺寸为d_1≤4/5D、板长方向的尺寸l_1≤300mm	每块板≤1处（b_1≤20mm、d_1≤20mm、l_1≤100mm）
侧面损伤或缺棱	≤3m的板不多于2处，＞3m的板不多于3处；每处长度l_2≤300mm、b_2≤50mm	每侧≤1处（b_2≤10mm、l_2≤120mm）

注：1. 修补材料颜色、质感宜与蒸压加气混凝土产品一致，性能应匹配。
  2. 若板材经修补，则外观质量应为修补后的要求。

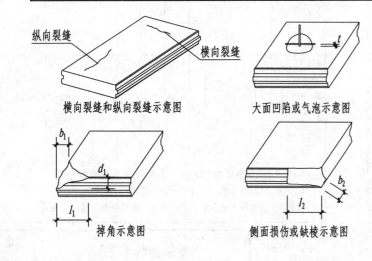

横向裂缝和纵向裂缝示意图　　大面凹陷或气泡示意图

掉角示意图　　侧面损伤或缺棱示意图

表 4.6.11 蒸压加气混凝土板纵向钢筋保护层要求

项目	基本尺寸	允许偏差		钢筋保护层厚度示意图
		外墙板	内墙板	
距大面的保护层厚度c_1(mm)	20	±5	+5 −10	
距端部的保护层厚度c_2(mm)	10	+5 −10		

注：配单层网的内墙板及其他板材，其基本尺寸和允许偏差由供需双方商定。

编制说明（四）

图集号 19YJT117

页次 06

4.7 蒸压加气混凝土板材墙体的专用砌筑砂浆、抹灰砂浆、界面砂浆和抹灰石膏的性能应符合《蒸压加气混凝墙体专用砂浆》JC/T 890的要求。

5 建筑设计要求

5.1 蒸压加气混凝土板材墙体为自保温墙体，在河南省所属的夏热冬冷地区和寒冷地区，采用一定厚度的板材就能达到相关标准对外墙保温的要求。设计人员可按本图集附表10～附表15选用。

5.2 蒸压加气混凝土板材导热系数的修正系数按照寒冷地区1.15，夏热冬冷地区1.20取值。

5.3 蒸压加气混凝土板材是无机不燃烧材料，燃烧性能等级为A级。

5.4 对有隔声要求的墙体，应按墙体厚度、构造和饰面做法，向厂家查询相关构造的隔声量资料确定，常用厚度板材墙体隔声性能见表4.6.9。

5.5 蒸压加气混凝土板材墙体外围护墙应采取整体防水措施，防水层做法按单体工程设计。

5.6 墙板平缝拼接时板缝缝宽不应大于5mm，安装时应以缝隙间挤出砂浆为宜。

5.7 墙缝要求

5.7.1 墙板侧边及顶部与钢筋混凝土墙、柱、梁、板等主体结构连接处应预留10～20mm缝隙。

5.7.2 墙板与主体结构之间宜采用柔性连接并用弹性材料填缝，有防火要求时应采用防火材料填缝（如岩棉、玻璃棉等）。

5.7.3 外包外墙板应设构造缝，外墙板的室外侧缝隙应采用专用密封胶密封，室内侧板缝及内墙板板缝应采用嵌缝剂嵌缝。

5.8 门窗洞口做法要求：应满足建筑构造、结构设计及节能设计要求。外门窗宜采用具有保温性能的附框，外门、窗框或附框与墙体之间应采取保温及防水措施。

5.9 附墙暗管做法

5.9.1 开槽：不宜横向开槽，可沿板长方向开槽；宜避开主要受力钢筋；开槽时应弹线，并采用专用工具开槽。

5.9.2 敷设管线：需要时可用管卡件管线固定在墙上。

5.9.3 填槽：敷设管线后应用专用修补材料补平并做防裂处理。

5.10 墙面防裂措施：墙面抹灰层应设分隔缝。墙板板缝处、内外墙体与不同材料交接处等部位，外墙抹灰层应采取防裂措施，如采用耐碱玻纤网格布压入聚合物水泥砂浆层的做法。

5.11 尽可能避免交叉或双面开槽，无法避免时，宜使双面开槽部位相距不小于600mm，穿越墙体的水管应严防渗水。墙体厚度小于等于120mm时不得双向对开线槽。

5.12 卫生间、浴室等有防水要求的房间，墙体根部应做钢筋混凝土坎墙，坎墙高度不宜小于200mm。内墙面做法应设置防水层，防水层高度应按单体工程设计或满做，饰面层应粘贴面砖。

5.13 采用板材女儿墙时，女儿墙高度不应大于4倍板厚，同时应满足结构设计要求。

5.14 墙面装饰工程做法要求

5.14.1 墙面应做饰面保护层，并与基层黏结良好，不得空鼓开裂。

5.14.2 内墙体饰面层应采用透气性好的材料。

5.14.3 装饰作业前应将墙面基层清理干净，对缺棱掉角部位使用专用修补材料进行修补，并应按墙体防裂措施进行处理。

5.14.4 墙面抹灰前应在其表面用专用界面剂进行基层处理后方可抹灰。

5.14.5 墙体易于磕碰部位应做护角，可采用聚合物水泥砂浆护角，或提高装饰面层材料的强度等级。

5.14.6 当采用面砖等块材饰面时，粘贴拉结强度应符合有关标准的要求，并经现场检验合格。

5.14.7 墙体表面平整度达到质量要求时可省去找平层做法。

6 结构设计要求

6.1 本图集蒸压加气混凝土板材作为围护墙体使用，是以两端与主体结构简支连接参与工作。设计时应保证蒸压加气混凝土板材满足各种荷载作用下的承载力和变形要求，以及安装节点的承载力要求。

6.2 外墙板安装节点的承载力设计值见表6.2。

表6.2 蒸压加气混凝土板材节点承载力设计值

板厚（mm）	100	125	150	≥200
钩头螺栓节点承载力设计值（kN）	1.7	2.6	3.6	6.1

6.3 外墙板抗风设计要求

6.3.1 蒸压加气混凝土外墙板应满足在风荷载作用下的承载力和变形要求。

6.3.2 在风荷载作用下，外墙板安装节点承载力设计值应满足：

$$\gamma_0 S_{JW} \leq R_J / \gamma_{RA}$$

式中：γ_0——结构重要性系数，对安全等级为一级、二级、三级的结构构件可分别取1.1、1.0、0.9；

S_{JW}——作用于外墙板节点的内力设计值。

R_J——外墙板节点承载力设计值，见表6.2；

γ_{RA}——加气混凝土构件的承载力调整系数，可取1.33。

6.4 外墙板抗震设计要求

6.4.1 蒸压加气混凝土墙板在抗震设计中应按柔性连接的建筑构件考虑，不计入其抗震承载力及刚度贡献。

6.4.2 支承墙板的结构构件，应将蒸压加气混凝土墙板的地震作用效应作为附加作用对待，连接件及其连接（或锚固）要求应符合相关规范的规定。

6.4.3 在地震作用下，外墙板节点承载力设计值应满足：

$$S_{JE} \leq R_J / (\gamma_{RA} \gamma_{RE})$$

式中：S_{JE}——沿最不利方向，作用于外墙板节点处的水平地震力设计值；

γ_{RE}——承载力抗震调整系数，按《建筑抗震设计规范》（2016年版）GB 50011-2010选用。

6.5 结构构造要求

6.5.1 外墙板应采用强度等级不低于A3.5的配筋板材；内墙板应采用强度等级不低于A2.5的配筋板材。

6.5.2 蒸压加气混凝土外墙板的最小厚度不应小于150mm，墙板两支点间距离不应大于35倍板材厚度，悬出的最大长度不应大于6倍板材厚度。

6.5.2 蒸压加气混凝土外墙板安装时，其自重通过支撑件传到主体结构。外墙竖板为每块板下一个支承件，外墙横板为每3块墙板的两端各设一个支承件。

6.5.3 当蒸压加气混凝土板材墙体上吊挂重物时，应采用专用螺栓固

编制说明（六）

图集号 19YJT117
页次 08

定方式或其他类型连接件。

6.6 连接构造要求

6.6.1 外墙板安装连接件及焊缝应按《钢结构设计标准》GB50017-2017进行设计。本图集连接件见附表1～附表4 主要连接件选用表。

6.6.2 连接钢筋锚固长度除注明外均为20d（d为钢筋直径）。

6.6.3 连接钢筋与型钢及钢板之间均应焊接连接且应满足相应的承载力要求，要求采用双面焊接长度不小于5d，单面焊接长度不小于10d。

6.6.4 连接件（包括连接钢板）和型钢间、型钢和型钢间均应焊接连接且应满足承载力要求，焊缝除注明者外均为沿搭接长度满焊，焊脚高度不应小于4mm。

6.6.5 预埋件锚筋与锚板宜优先选用穿孔塞焊；当采用手工焊时，焊缝长度大于等于10d，焊缝高度不宜小于6mm。

6.6.6 当采用后锚固方式进行连接时，构造应符合《混凝土结构后锚固技术规程》JGJ 145-2013的相关规定。

6.6.7 钩头螺栓与连接角钢的焊接搭接长度应大于等于25mm。焊缝标注示意见图6.6.7。钩头螺栓与板材固定点距板端应大于等于80mm。

6.6.8 全部焊缝均应将焊渣清除干净，并满涂防锈漆。

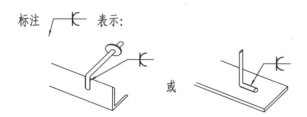

图6.6.7 焊缝标注示意

标注 $4 \triangleright 50/600$ 表示：

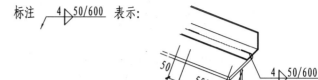

续图6.6.7 焊缝标注示意

7 施工及验收要求

7.1 运输、进场及堆放要求

7.1.1 板材进入施工现场前应提供产品合格证和产品性能检测报告，并对全部板材进行外观检查。

7.1.2 板材宜采用专用工具平稳装卸，吊装时应采用宽度不小于50mm的尼龙吊带兜底起吊，严禁使用钢丝绳吊装。在运输过程中宜侧立竖直堆放，多块打包捆扎牢固，尽量不采用平放。

7.1.3 板材宜堆放于室内或不受雨雪影响的场所；露天堆放时应采用覆盖措施，防止雨雪和污染；堆放场地应坚硬平整无积水，不得直接接触地面堆放，并宜靠近施工现场，以减少多次搬运。堆放时应设置垫木。板材应按品种、规格及强度等级分别堆放，堆放高度不宜超过3m。

7.1.4 垫木长约900mm，截面尺寸100mm×100mm，每点设置2根，设置点距板边不超过600mm，应分层设置垫木，每层高度不超过1m。

7.2 墙板排板设计

7.2.1 施工前应进行排板设计，并绘制相关图纸，以方便配料并减少现场切锯工作量，计算板材和配件重量。

7.2.2 排板设计时应符合板材的产品规格，特殊规格可与企业定制生产或现场切锯。

7.2.3 板材断面为对称面的无正反之分，不对称的板材可在图面上标示出正反面，板材规格、形状不变。

7.2.4 板材自身构造由生产企业负责。

7.3 安装要求

7.3.1 应使用专用配套工具和专用配套材料。

7.3.2 板材安装时的含水率：寒冷地区，上墙含水率宜控制在15%~20%左右；夏热冬冷地区宜控制在30%左右。

7.3.3 板材安装前应保证基层底面平整，如不平整可先做1:3水泥砂浆找平层再安装板材。

7.3.4 板材安装前应复核板材尺寸和实际尺寸，板材和主体结构之间应预留缝隙，宜采用柔性连接，并应满足结构设计要求。

7.3.5 外墙板应设温度缝，可兼作粉刷分仓缝，一般设在板材与梁柱交接处等。

7.3.6 应考虑施工顺序，施工顺序对节点构造有一定影响，还应考虑施工操作的方便和安全，如便于脱钩、就位、临时固定、灌缝和叠合梁现浇部分的施工工序。

7.3.7 板材间涂抹黏结剂前应先将基层清理干净，黏结剂灰缝应饱满均匀，厚度不应大于5mm，饱满度应大于80%。

7.3.8 内墙板的安装顺序应从门窗洞口处向两端依次进行，门洞两侧宜用整块板材，无门洞口的墙体应从一端向另一端顺序安装。

7.3.9 在墙板上钻孔开槽等（如安装门、窗框、敷设管线、预埋铁件等）应在板材安装完毕后且板缝内黏结剂达到设计强度后方可进行，并应使用专用工具，严禁随意剔凿。

7.3.10 当内墙板较多或纵横交错时，应避免十字墙或丁字墙两个方向同时安装，应先安装其中一个方向的墙板，待黏结剂达到设计强度后再安装另一方向的墙板。

7.4 施工验收

7.4.1 墙体板材的安装允许偏差应符合表7.4.1的规定。

7.4.2 板材墙体的施工质量应符合《建筑工程施工质量验收统一标准》GB 50300-2013的相关规定。

表 7.4.1 墙板结构尺寸和位置允许偏差

项 目			允许偏差 (mm)	检验方法
拼装大板的高度或宽度两对角线长度差			±55	拉线
外墙板安装	垂直度	每层	5	2m靠尺
		全高	20	
	平整度	表面平整	5	
内墙板安装	垂直度	墙面垂直	4	
	平整度	表面平整	4	
内外墙门、窗框余量10mm			±5	—

8 其他

8.1 本图集未注明尺寸单位均为毫米（mm）。

8.2 本图集节点详图索引方法

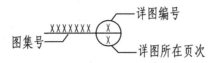

详图编号

图集号

详图所在页次

8.3 蒸压加气混凝土板材墙体设计时，除满足本图集规定外，尚应符合国家及地方现行标准的相关规定。

8.4 在图集使用中，本图集所依据的标准若更新后，本图集与现行工程建设标准不符的内容视为无效。工程技术人员在参考使用时，应注意加以区分。

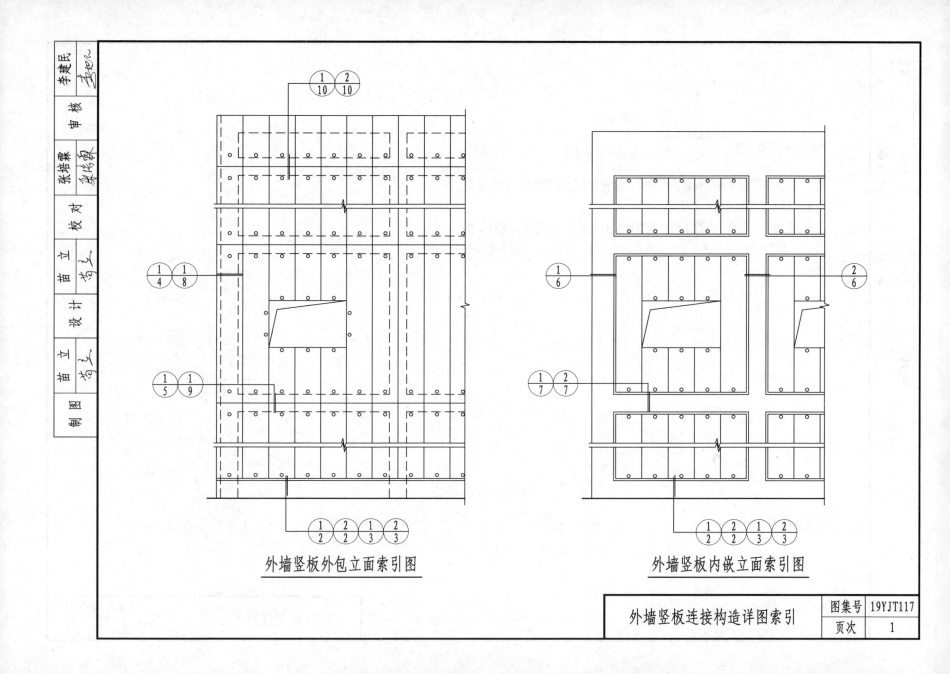

外墙竖板外包立面索引图

外墙竖板内嵌立面索引图

外墙竖板连接构造详图索引

图集号 19YJT117
页次 1

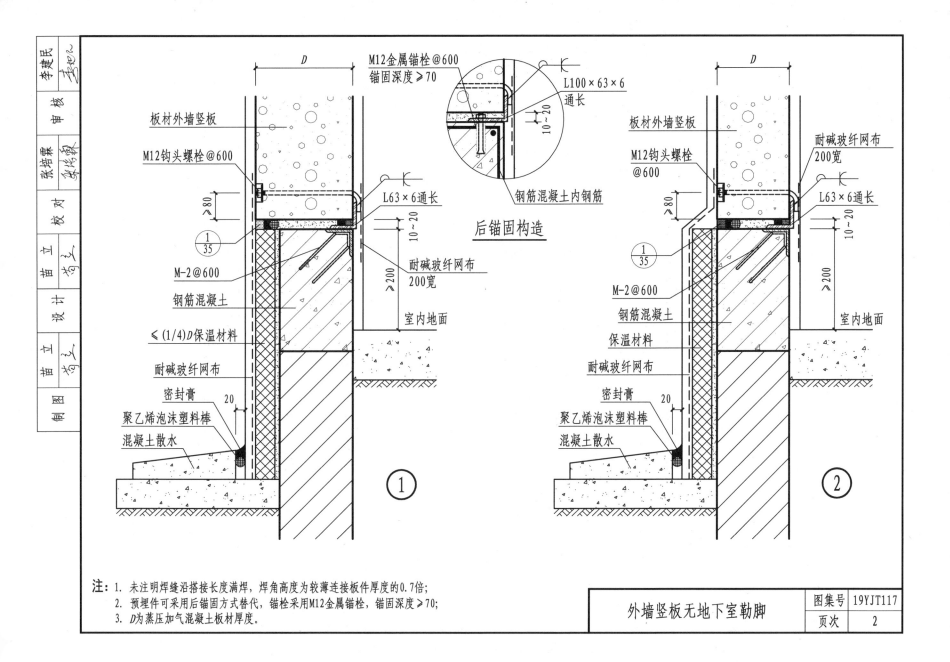

外墙竖板无地下室勒脚

注：1. 未注明焊缝沿搭接长度满焊，焊角高度为较薄连接板件厚度的0.7倍；
2. 预埋件可采用后锚固方式替代，锚栓采用M12金属锚栓，锚固深度≥70；
3. D为蒸压加气混凝土板材厚度。

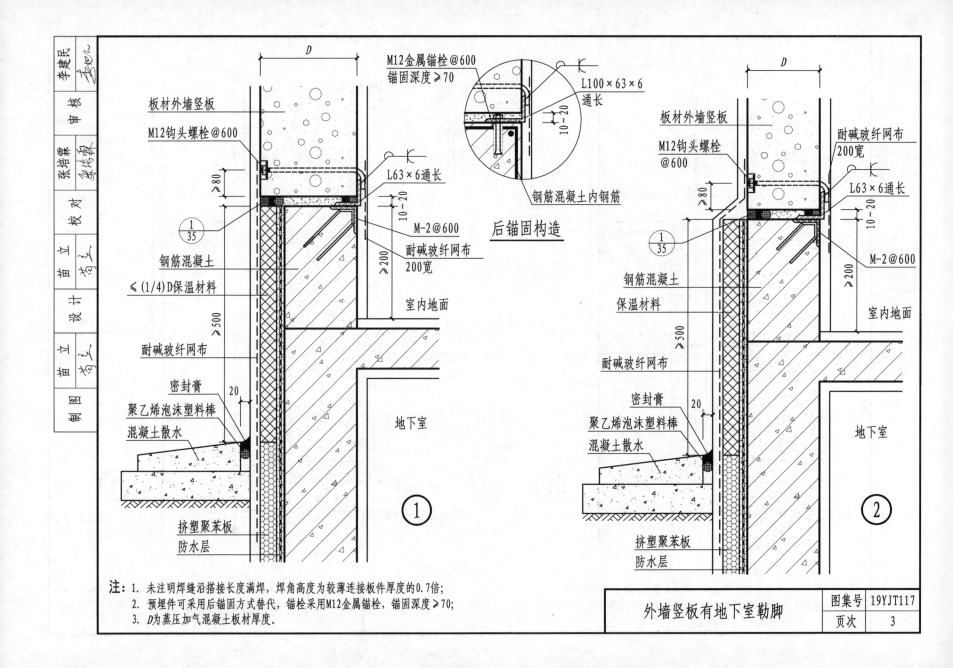

M12金属锚栓@600
锚固深度≥70

L100×63×6
通长

10～20

板材外墙竖板

M12钩头螺栓@600

L63×6通长

10～20

钢筋混凝土内钢筋

后锚固构造

① / 35

钢筋混凝土

≤(1/4)D保温材料

耐碱玻纤网布

密封膏

聚乙烯泡沫塑料棒

混凝土散水

挤塑聚苯板

防水层

M-2@600

耐碱玻纤网布200宽

室内地面

地下室

板材外墙竖板

M12钩头螺栓@600

耐碱玻纤网布200宽

L63×6通长

10～20

① / 35

钢筋混凝土

保温材料

耐碱玻纤网布

密封膏

聚乙烯泡沫塑料棒

混凝土散水

挤塑聚苯板

防水层

M-2@600

室内地面

地下室

①

②

注：1. 未注明焊缝沿搭接长度满焊，焊角高度为较薄连接板件厚度的0.7倍；
　　2. 预埋件可采用后锚固方式替代，锚栓采用M12金属锚栓，锚固深度≥70；
　　3. D为蒸压加气混凝土板材厚度。

外墙竖板有地下室勒脚

图集号 19YJT117

页次 3

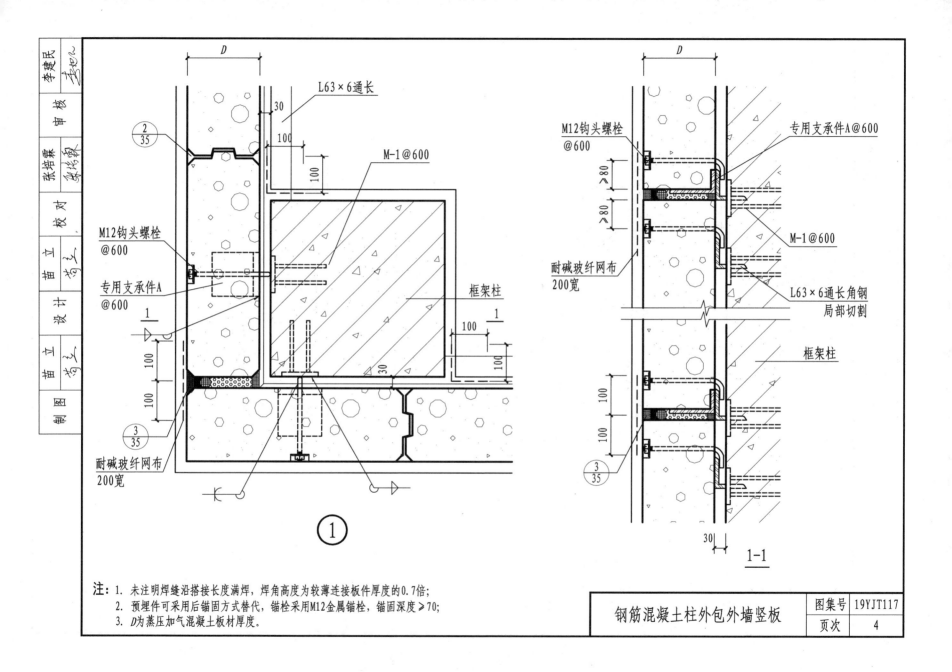

注：
1. 未注明焊缝沿搭接长度满焊，焊角高度为较薄连接板件厚度的0.7倍；
2. 预埋件可采用后锚固方式替代，锚栓采用M12金属锚栓，锚固深度≥70；
3. D为蒸压加气混凝土板材厚度。

钢筋混凝土柱外包外墙竖板

图集号 19YJT117

页次 4

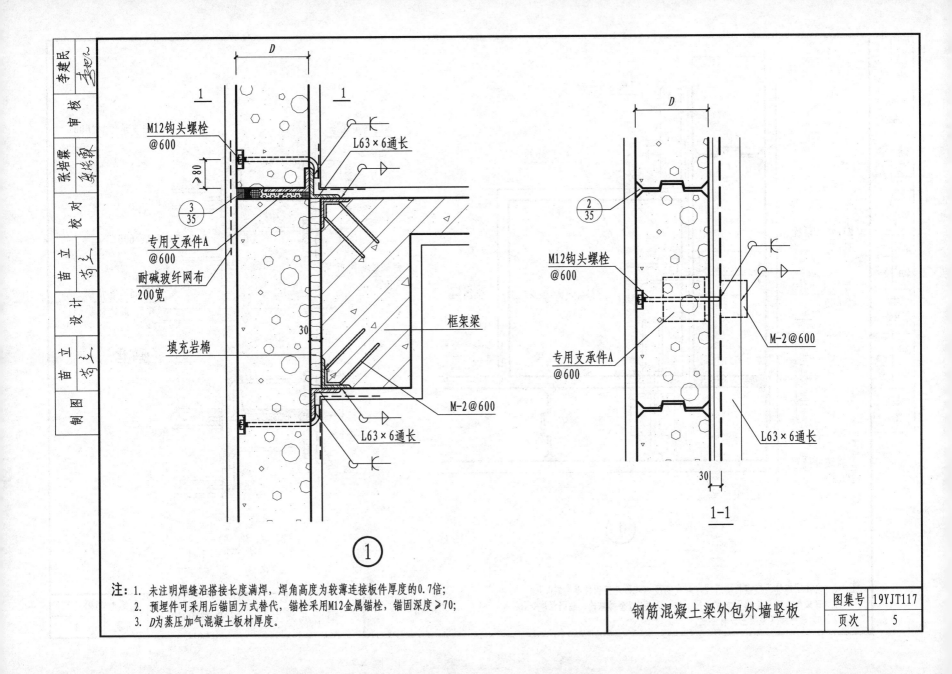

M12钩头螺栓
@600

L63×6通长

≥80

$\dfrac{3}{35}$

专用支承件A
@600

耐碱玻纤网布
200宽

填充岩棉

框架梁

30

M-2@600

L63×6通长

①

$\dfrac{2}{35}$

M12钩头螺栓
@600

专用支承件A
@600

M-2@600

L63×6通长

30

1-1

注: 1. 未注明焊缝沿搭接长度满焊, 焊角高度为较薄连接板件厚度的0.7倍;
　　 2. 预埋件可采用后锚固方式替代, 锚栓采用M12金属锚栓, 锚固深度≥70;
　　 3. D为蒸压加气混凝土板材厚度。

钢筋混凝土梁外包外墙竖板

李健民

审核

张培霖

校对

苗立

设计

苗立

制图

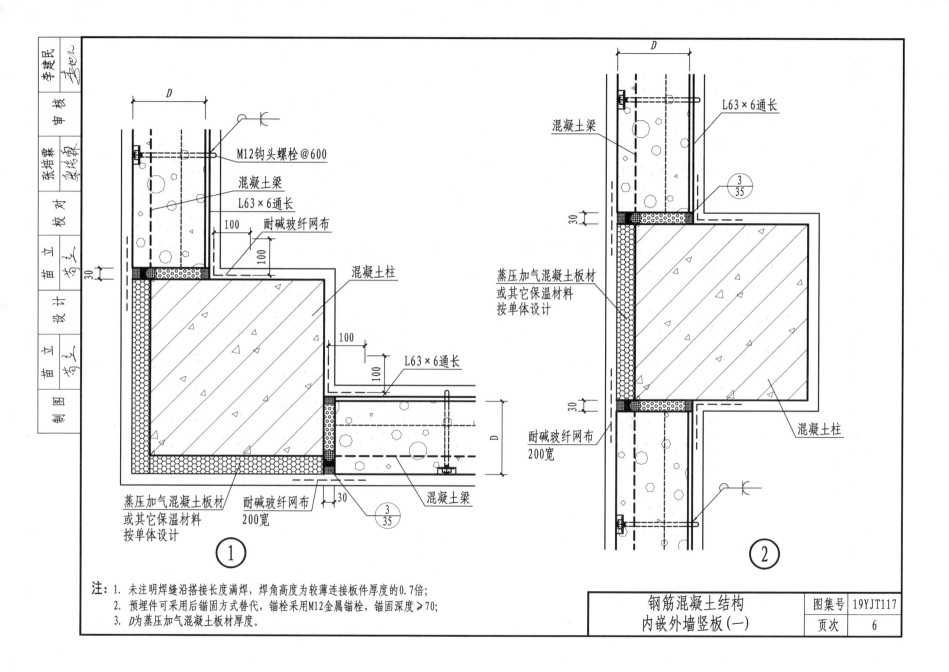

注：1. 未注明焊缝沿搭接长度满焊，焊角高度为较薄连接板件厚度的0.7倍；
2. 预埋件可采用后锚固方式替代，锚栓采用M12金属锚栓，锚固深度≥70；
3. D为蒸压加气混凝土板材厚度。

钢筋混凝土结构
内嵌外墙竖板（一）

图集号 19YJT117
页次 6

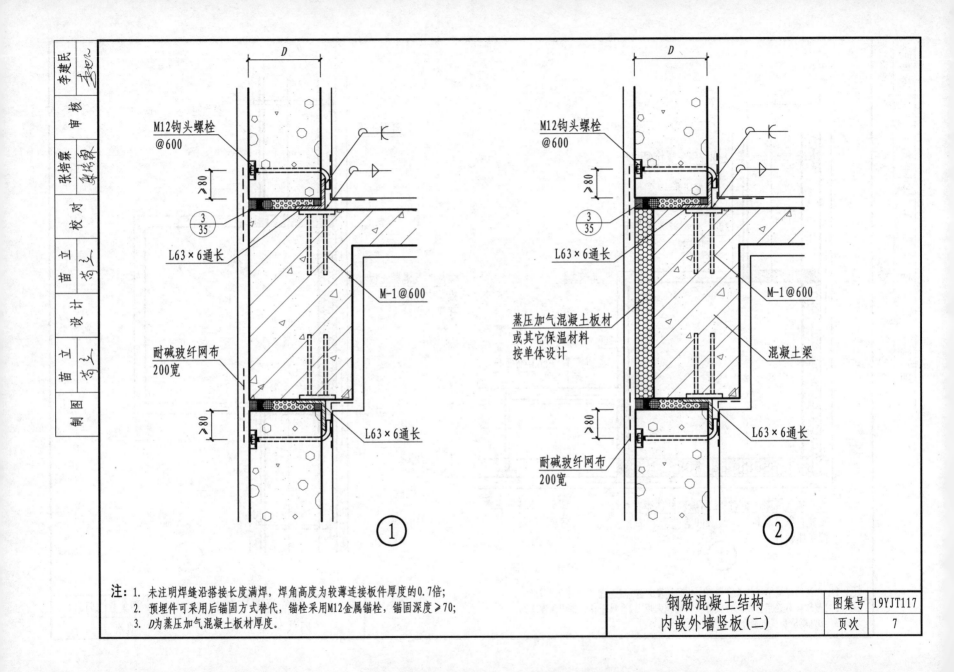

M12钩头螺栓 @600

$\dfrac{3}{35}$

L63×6通长

M-1@600

耐碱玻纤网布 200宽

L63×6通长

①

M12钩头螺栓 @600

$\dfrac{3}{35}$

L63×6通长

蒸压加气混凝土板材 或其它保温材料 按单体设计

M-1@600

混凝土梁

L63×6通长

耐碱玻纤网布 200宽

②

注：1. 未注明焊缝沿搭接长度满焊，焊角高度为较薄连接板件厚度的0.7倍；
　　2. 预埋件可采用后锚固方式替代，锚栓采用M12金属锚栓，锚固深度≥70；
　　3. D为蒸压加气混凝土板材厚度。

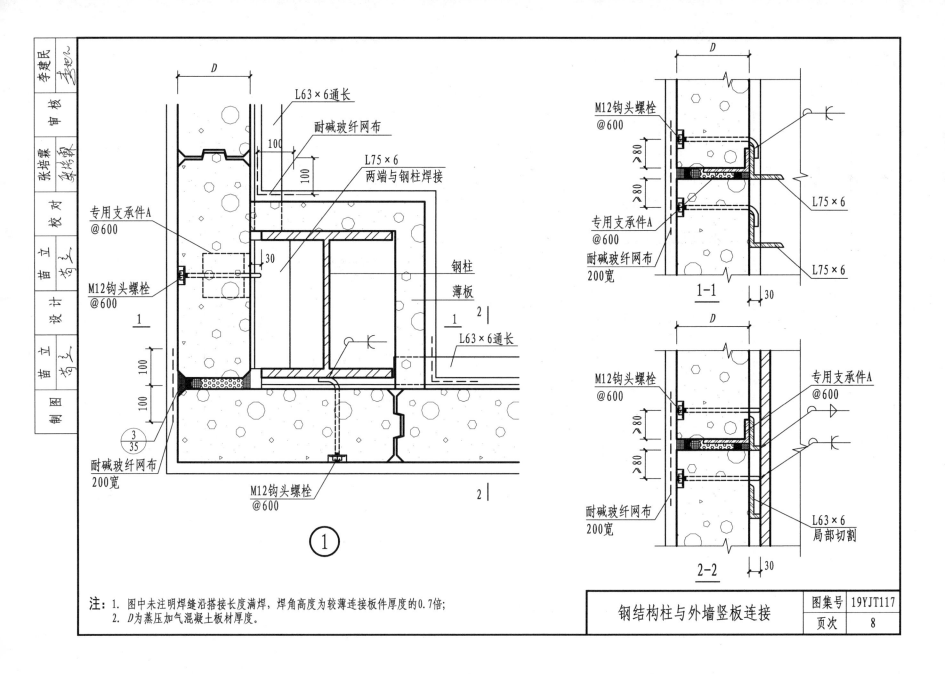

L63×6通长

耐碱玻纤网布

L75×6
两端与钢柱焊接

钢柱

薄板

L63×6通长

专用支承件A
@600

30

M12钩头螺栓
@600

100
100

100
100

3
35

耐碱玻纤网布
200宽

M12钩头螺栓
@600

①

M12钩头螺栓
@600

>80

>80

专用支承件A
@600

耐碱玻纤网布
200宽

L75×6

L75×6

1-1

30

M12钩头螺栓
@600

>80

>80

专用支承件A
@600

耐碱玻纤网布
200宽

L63×6
局部切割

2-2

30

注：1. 图中未注明焊缝沿搭接长度满焊，焊角高度为较薄连接板件厚度的0.7倍；
　　2. D为蒸压加气混凝土板材厚度。

钢结构柱与外墙竖板连接

图集号　19YJT117

页次　8

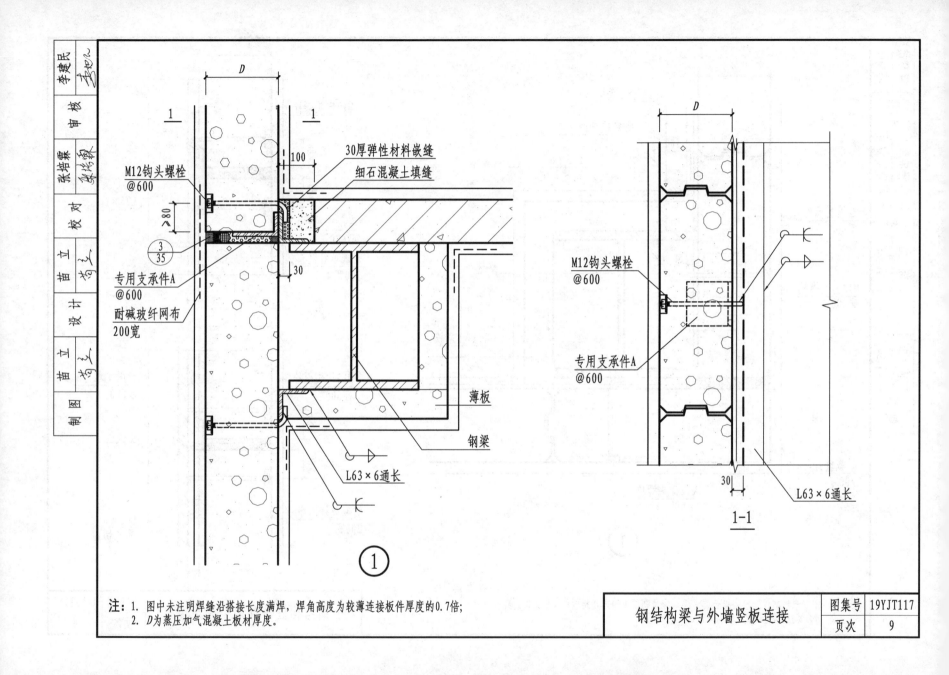

M12钩头螺栓
@600

≥80

③
35

专用支承件A
@600

耐碱玻纤网布
200宽

30厚弹性材料嵌缝

细石混凝土填缝

100

30

薄板

钢梁

L63×6通长

1—1

M12钩头螺栓
@600

专用支承件A
@600

30

L63×6通长

注：1. 图中未注明焊缝沿搭接长度满焊，焊角高度为较薄连接板件厚度的0.7倍；
　　2. D为蒸压加气混凝土板材厚度。

钢结构梁与外墙竖板连接

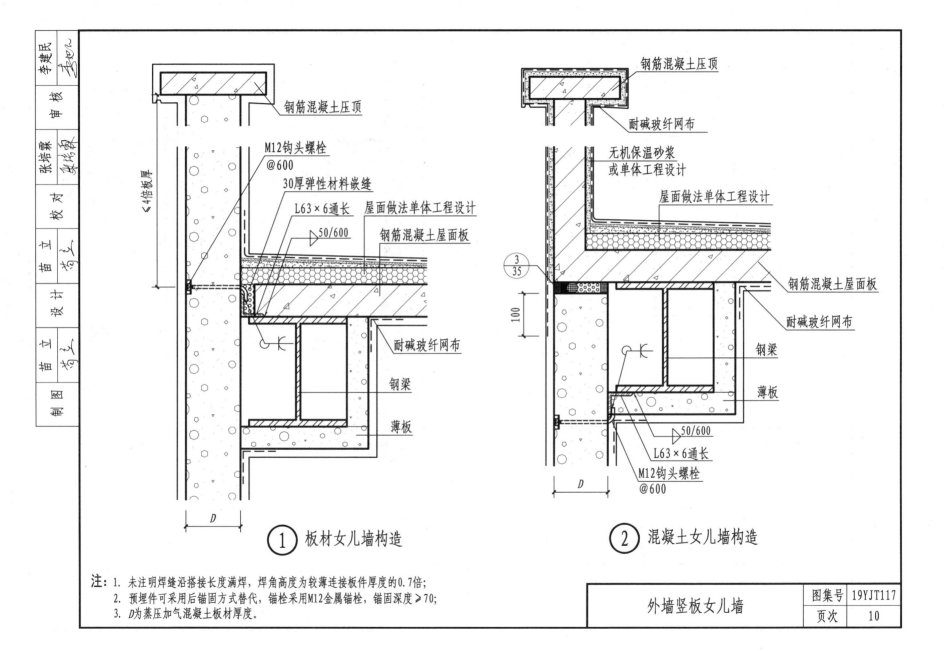

钢筋混凝土压顶

M12钩头螺栓 @600

30厚弹性材料嵌缝

L63×6通长

▷50/600

屋面做法单体工程设计

钢筋混凝土屋面板

耐碱玻纤网布

钢梁

薄板

钢筋混凝土压顶

耐碱玻纤网布

无机保温砂浆 或单体工程设计

屋面做法单体工程设计

钢筋混凝土屋面板

耐碱玻纤网布

钢梁

薄板

▷50/600

L63×6通长

M12钩头螺栓 @600

① 板材女儿墙构造

② 混凝土女儿墙构造

注：1. 未注明焊缝沿搭接长度满焊，焊角高度为较薄连接板件厚度的0.7倍；
　　2. 预埋件可采用后锚固方式替代，锚栓采用M12金属锚栓，锚固深度≥70；
　　3. D为蒸压加气混凝土板材厚度。

外墙竖板女儿墙

图集号	19YJT117
页次	10

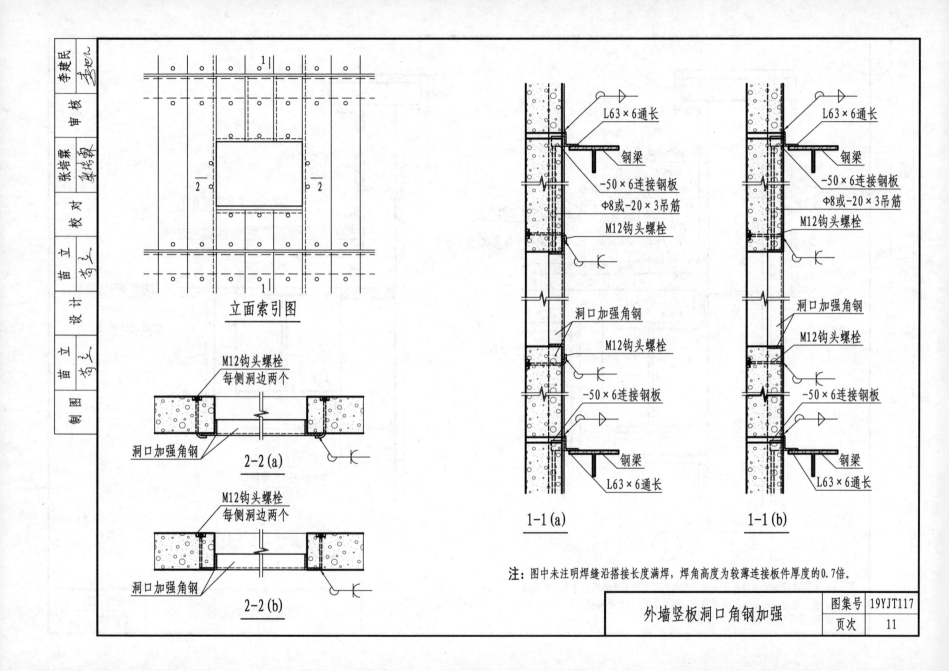

立面索引图

M12钩头螺栓
每侧洞边两个

洞口加强角钢

2-2 (a)

M12钩头螺栓
每侧洞边两个

洞口加强角钢

2-2 (b)

L63×6通长

钢梁

-50×6连接钢板

Φ8或-20×3吊筋

M12钩头螺栓

洞口加强角钢

M12钩头螺栓

-50×6连接钢板

钢梁

L63×6通长

1-1 (a)

L63×6通长

钢梁

-50×6连接钢板

Φ8或-20×3吊筋

M12钩头螺栓

洞口加强角钢

M12钩头螺栓

-50×6连接钢板

钢梁

L63×6通长

1-1 (b)

注：图中未注明焊缝沿搭接长度满焊，焊角高度为较薄连接板件厚度的0.7倍。

外墙竖板洞口角钢加强

图集号　19YJT117

页次　11

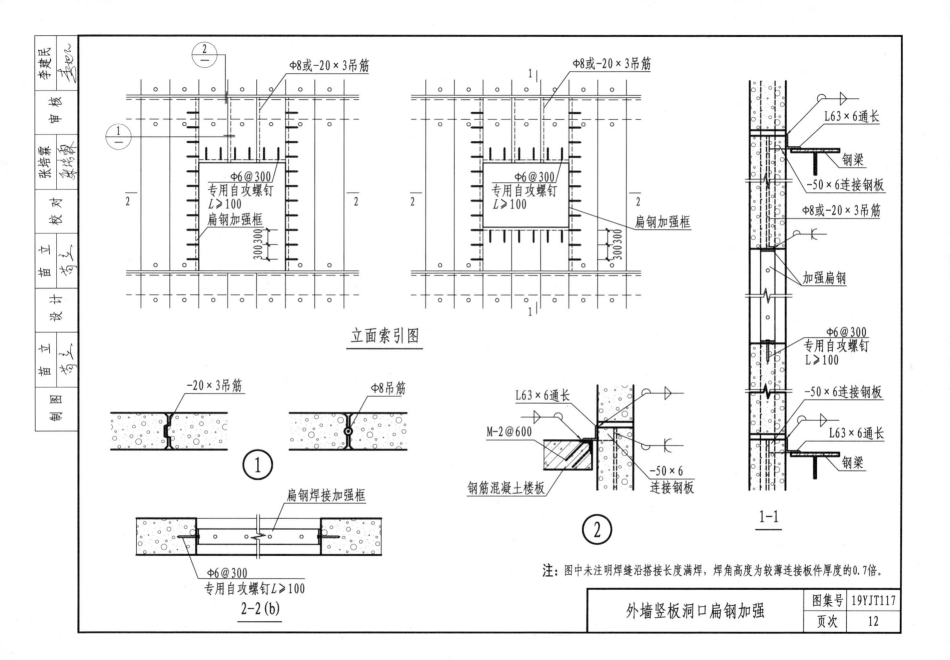

立面索引图

注：图中未注明焊缝沿搭接长度满焊，焊角高度为较薄连接板件厚度的0.7倍。

外墙竖板洞口扁钢加强

| 图集号 | 19YJT117 |
| 页次 | 12 |

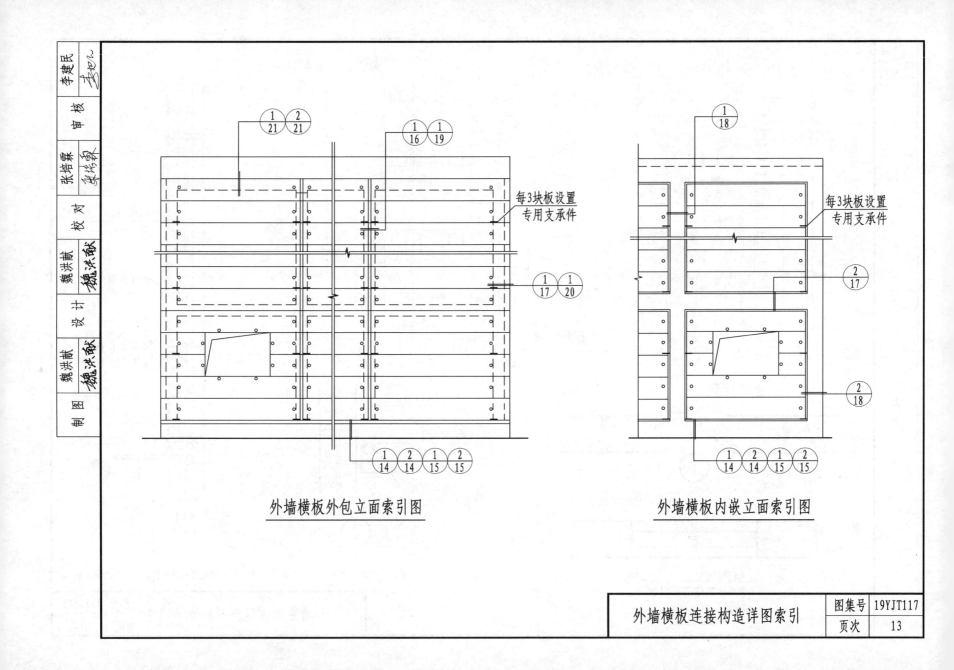

每3块板设置
专用支承件

每3块板设置
专用支承件

外墙横板外包立面索引图

外墙横板内嵌立面索引图

外墙横板连接构造详图索引

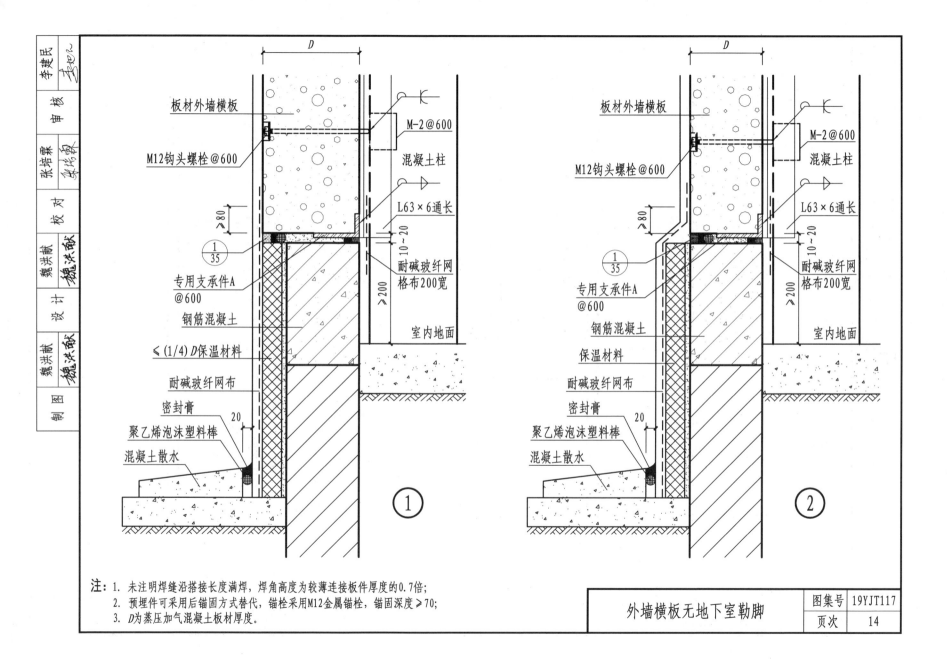

板材外墙横板

M12钩头螺栓@600

M-2@600

混凝土柱

L63×6通长

≥80

1/35

10~20

专用支承件A
@600

耐碱玻纤网
格布200宽

钢筋混凝土

室内地面

≤(1/4)D保温材料

耐碱玻纤网布

密封膏

20

聚乙烯泡沫塑料棒

混凝土散水

①

板材外墙横板

M12钩头螺栓@600

M-2@600

混凝土柱

L63×6通长

≥80

1/35

10~20

专用支承件A
@600

耐碱玻纤网
格布200宽

钢筋混凝土

室内地面

保温材料

耐碱玻纤网布

密封膏

20

聚乙烯泡沫塑料棒

混凝土散水

②

注：1. 未注明焊缝沿搭接长度满焊，焊角高度为较薄连接板件厚度的0.7倍；
    2. 预埋件可采用后锚固方式替代，锚栓采用M12金属锚栓，锚固深度≥70；
    3. D为蒸压加气混凝土板材厚度。

外墙横板无地下室勒脚

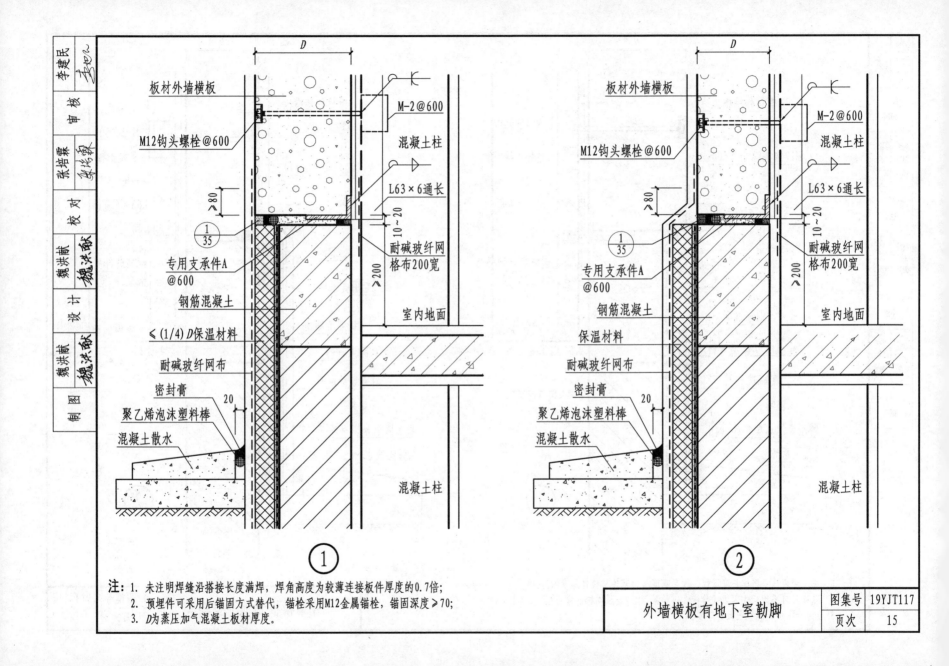

板材外墙横板

M12钩头螺栓@600

M-2@600

混凝土柱

≥80

1/35

专用支承件A @600

L63×6通长

10～20

耐碱玻纤网格布200宽

钢筋混凝土

≥200

室内地面

≤(1/4)D保温材料

耐碱玻纤网布

密封膏

20

聚乙烯泡沫塑料棒

混凝土散水

①

板材外墙横板

M12钩头螺栓@600

M-2@600

混凝土柱

≥80

1/35

专用支承件A @600

L63×6通长

10～20

耐碱玻纤网格布200宽

钢筋混凝土

≥200

室内地面

保温材料

耐碱玻纤网布

密封膏

20

聚乙烯泡沫塑料棒

混凝土散水

混凝土柱

②

李建民
审核
张培霖
校对
魏洪献
设计
魏洪献
制图

注：1. 未注明焊缝沿搭接长度满焊，焊角高度为较薄连接板件厚度的0.7倍；
2. 预埋件可采用后锚固方式替代，锚栓采用M12金属锚栓，锚固深度≥70；
3. D为蒸压加气混凝土板材厚度。

外墙横板有地下室勒脚

图集号 19YJT117

页次 15

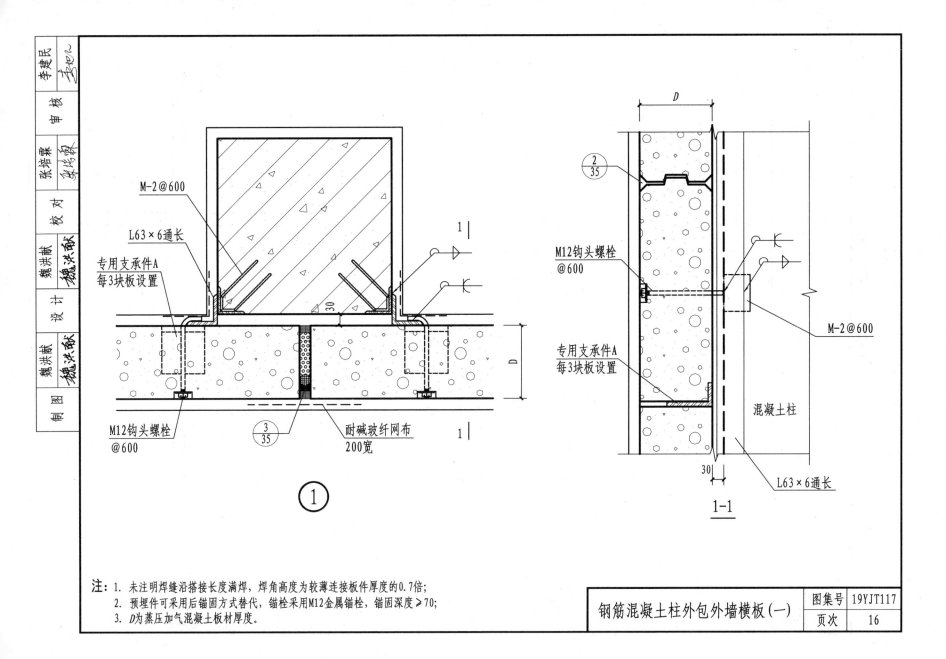

李建民	审核	张培蕾	校对	魏洪藏	设计	魏洪藏	制图

M-2@600

L63×6通长

专用支承件A
每3块板设置

1

30

1

M12钩头螺栓
@600

③
35

耐碱玻纤网布
200宽

D

1

①

②
35

M12钩头螺栓
@600

专用支承件A
每3块板设置

M-2@600

混凝土柱

30

L63×6通长

1-1

D

注：1. 未注明焊缝沿搭接长度满焊，焊角高度为较薄连接板件厚度的0.7倍；
　　2. 预埋件可采用后锚固方式替代，锚栓采用M12金属锚栓，锚固深度≥70；
　　3. D为蒸压加气混凝土板材厚度。

钢筋混凝土柱外包外墙横板（一）

图集号	19YJT117
页次	16

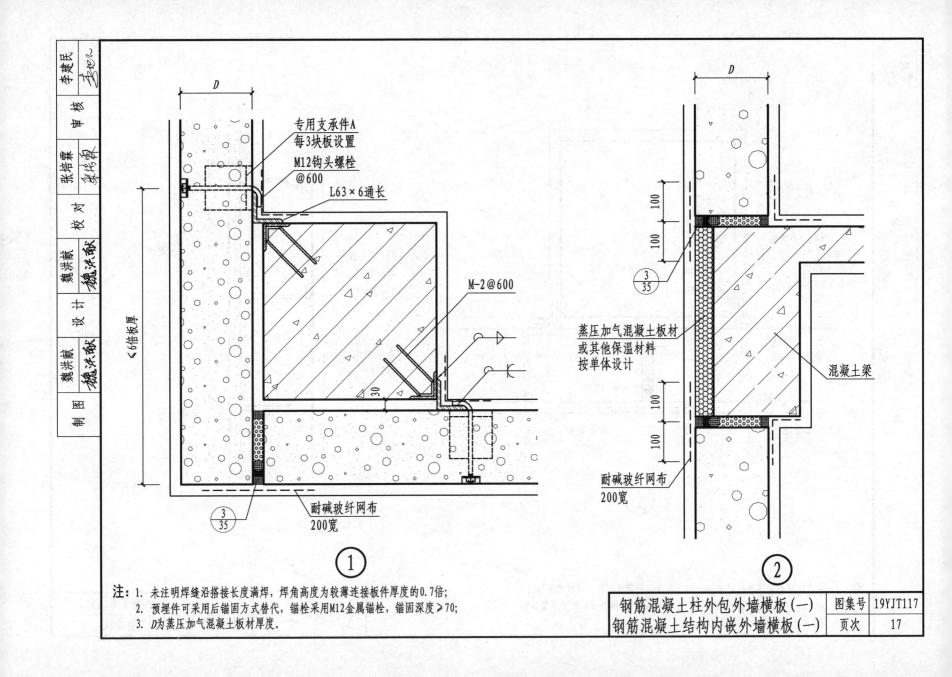

专用支承件A
每3块板设置

M12钩头螺栓
@600

L63×6通长

M-2@600

≤6倍板厚

30

③
35

耐碱玻纤网布
200宽

①

蒸压加气混凝土板材
或其他保温材料
按单体设计

③
35

混凝土梁

耐碱玻纤网布
200宽

②

注：1. 未注明焊缝沿搭接长度满焊，焊角高度为较薄连接板件厚度的0.7倍；
    2. 预埋件可采用后锚固方式替代，锚栓采用M12金属锚栓，锚固深度≥70；
    3. D为蒸压加气混凝土板材厚度。

钢筋混凝土柱外包外墙横板(一)
钢筋混凝土结构内嵌外墙横板(一)

图集号	19YJT117
页次	17

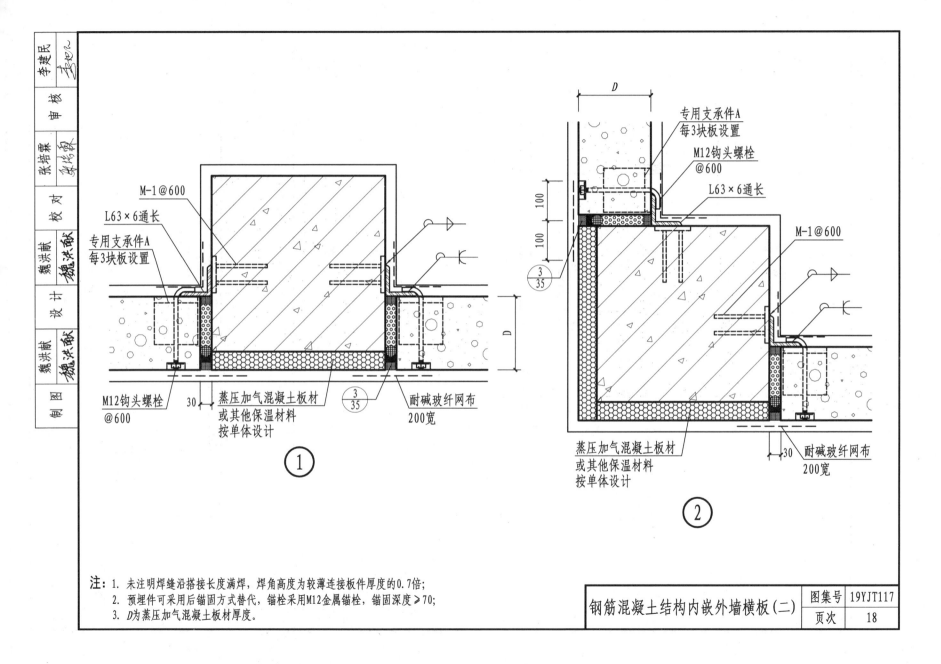

M-1@600

L63×6通长

专用支承件A
每3块板设置

M12钩头螺栓
@600

30

蒸压加气混凝土板材
或其他保温材料
按单体设计

③/35

耐碱玻纤网布
200宽

D

①

专用支承件A
每3块板设置

M12钩头螺栓
@600

L63×6通长

100

100

③/35

M-1@600

D

蒸压加气混凝土板材
或其他保温材料
按单体设计

30

耐碱玻纤网布
200宽

②

注：1. 未注明焊缝沿搭接长度满焊，焊角高度为较薄连接板件厚度的0.7倍；
    2. 预埋件可采用后锚固方式替代，锚栓采用M12金属锚栓，锚固深度≥70；
    3. D为蒸压加气混凝土板材厚度。

钢筋混凝土结构内嵌外墙横板（二）

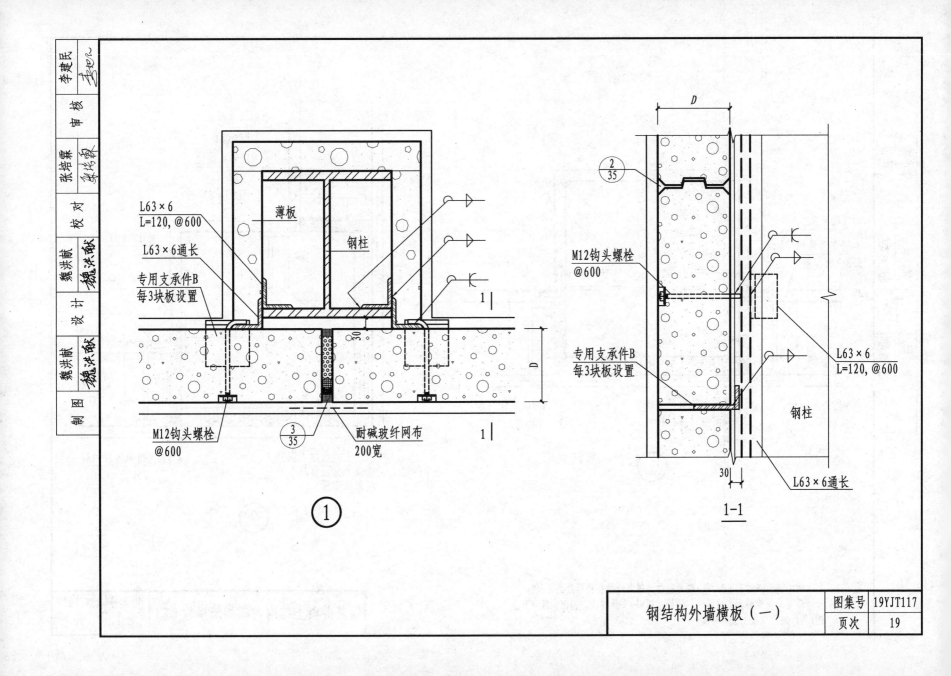

L63×6
L=120, @600

薄板

钢柱

L63×6通长

专用支承件B
每3块板设置

M12钩头螺栓
@600

耐碱玻纤网布
200宽

①

2
35

M12钩头螺栓
@600

专用支承件B
每3块板设置

L63×6
L=120, @600

钢柱

L63×6通长

1-1

钢结构外墙横板（一）

图集号 19YJT117
页次 19

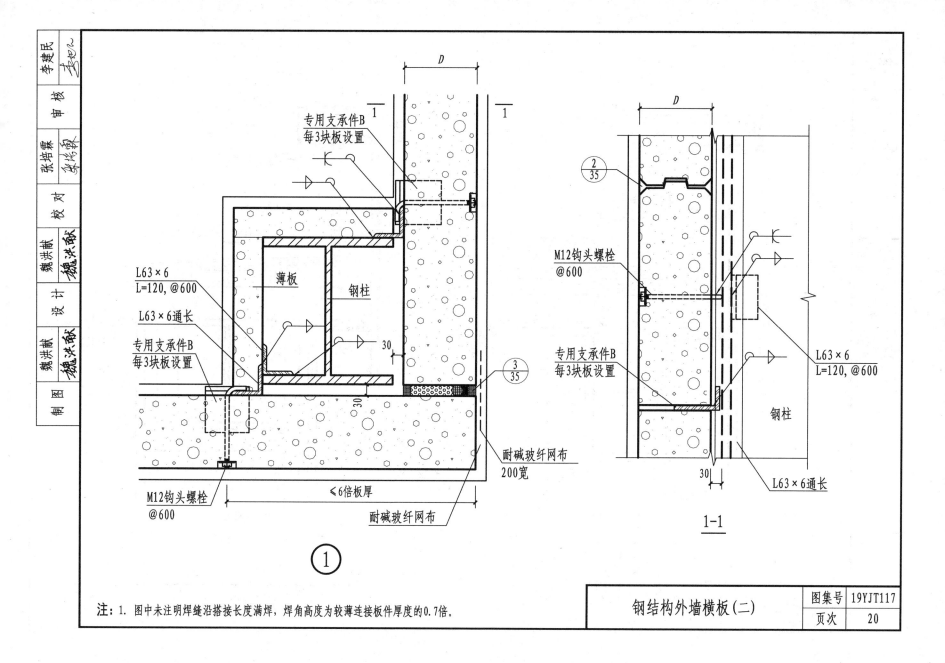

李建民

审核

张培霖

校对

魏洪献

设计

魏洪献

制图

专用支承件B
每3块板设置

1

1

$L63×6$
$L=120, @600$

薄板

钢柱

$L63×6$通长

专用支承件B
每3块板设置

30

M12钩头螺栓
@600

≤6倍板厚

耐碱玻纤网布

耐碱玻纤网布
200宽

30

①

2
35

M12钩头螺栓
@600

专用支承件B
每3块板设置

$L63×6$
$L=120, @600$

钢柱

30

$L63×6$通长

1-1

注：1. 图中未注明焊缝沿搭接长度满焊，焊角高度为较薄连接板件厚度的0.7倍。

钢结构外墙横板(二)

图集号 19YJT117

页次 20

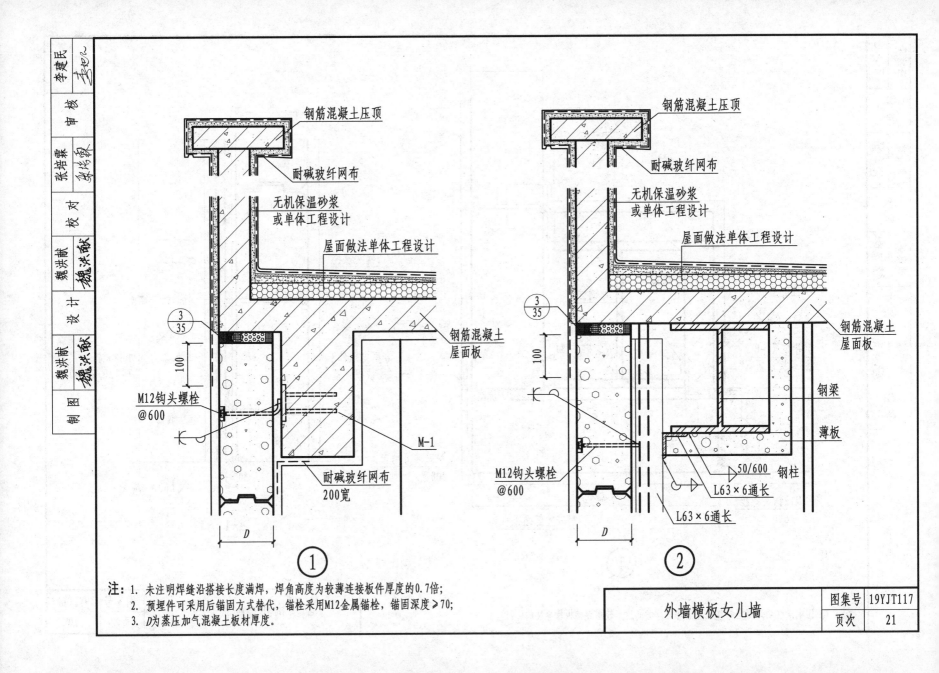

注：1. 未注明焊缝沿搭接长度满焊，焊角高度为较薄连接板件厚度的0.7倍；
　　2. 预埋件可采用后锚固方式替代，锚栓采用M12金属锚栓，锚固深度≥70；
　　3. D为蒸压加气混凝土板材厚度。

外墙横板女儿墙

图集号　19YJT117
页次　21

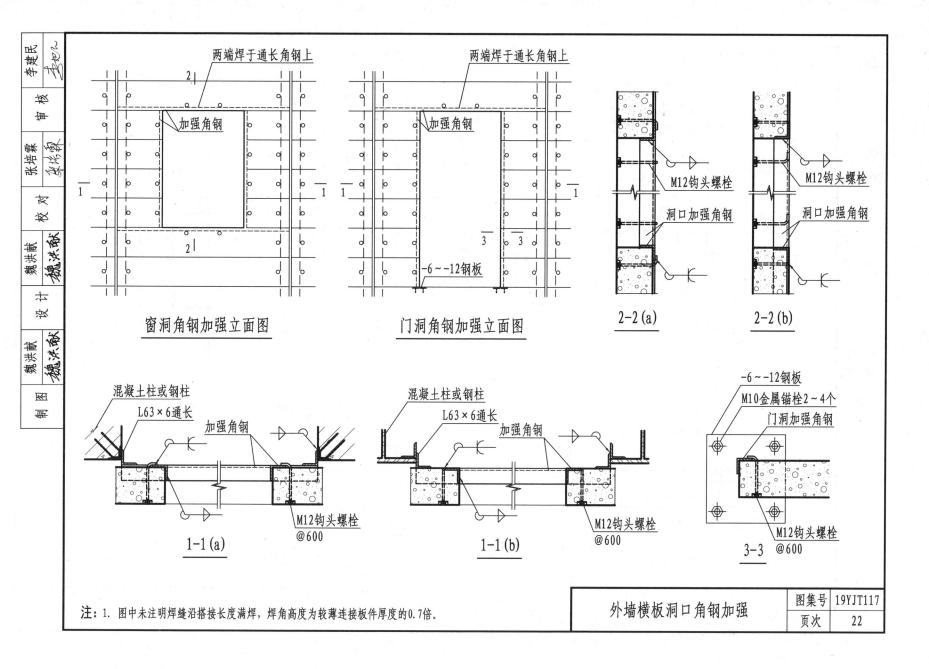

两端焊于通长角钢上

加强角钢

窗洞角钢加强立面图

两端焊于通长角钢上

加强角钢

-6～-12钢板

门洞角钢加强立面图

M12钩头螺栓

洞口加强角钢

2-2(a)

M12钩头螺栓

洞口加强角钢

2-2(b)

混凝土柱或钢柱

L63×6通长

加强角钢

M12钩头螺栓
@600

1-1(a)

混凝土柱或钢柱

L63×6通长

加强角钢

M12钩头螺栓
@600

1-1(b)

-6～-12钢板

M10金属锚栓2～4个

门洞加强角钢

M12钩头螺栓
@600

3-3

注：1. 图中未注明焊缝沿搭接长度满焊，焊角高度为较薄连接板件厚度的0.7倍。

外墙横板洞口角钢加强

图集号 19YJT117

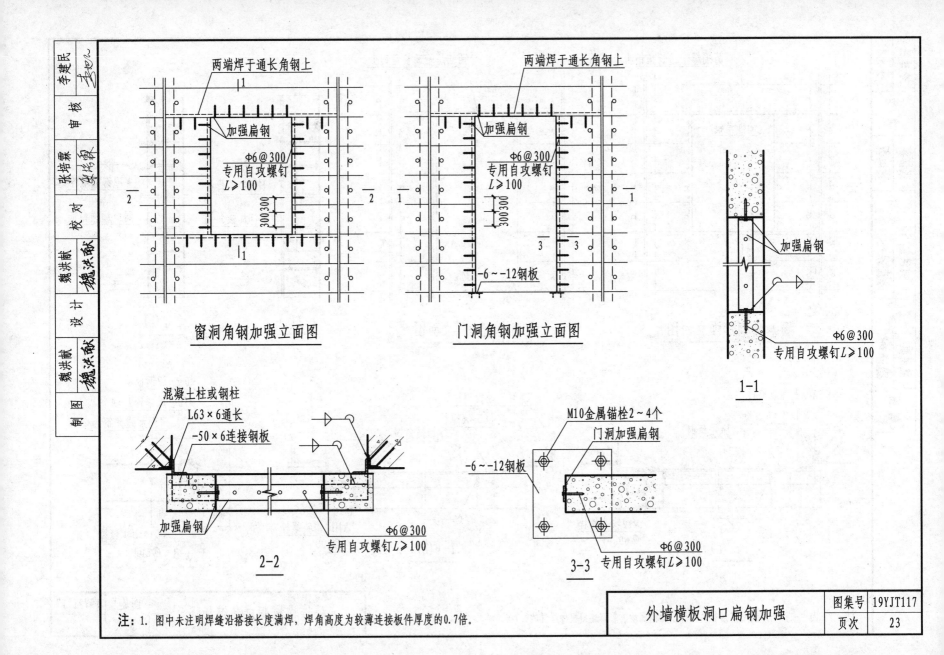

两端焊于通长角钢上

加强扁钢

Φ6@300
专用自攻螺钉
L≥100

300 300

窗洞角钢加强立面图

两端焊于通长角钢上

加强扁钢

Φ6@300
专用自攻螺钉
L≥100

300 300

-6~-12钢板

门洞角钢加强立面图

加强扁钢

Φ6@300
专用自攻螺钉L≥100

1-1

混凝土柱或钢柱
L63×6通长
-50×6连接钢板

加强扁钢

Φ6@300
专用自攻螺钉L≥100

2-2

M10金属锚栓2~4个
门洞加强扁钢
-6~-12钢板

Φ6@300
专用自攻螺钉L≥100

3-3

注：1. 图中未注明焊缝沿搭接长度满焊，焊角高度为较薄连接板件厚度的0.7倍。

外墙横板洞口扁钢加强

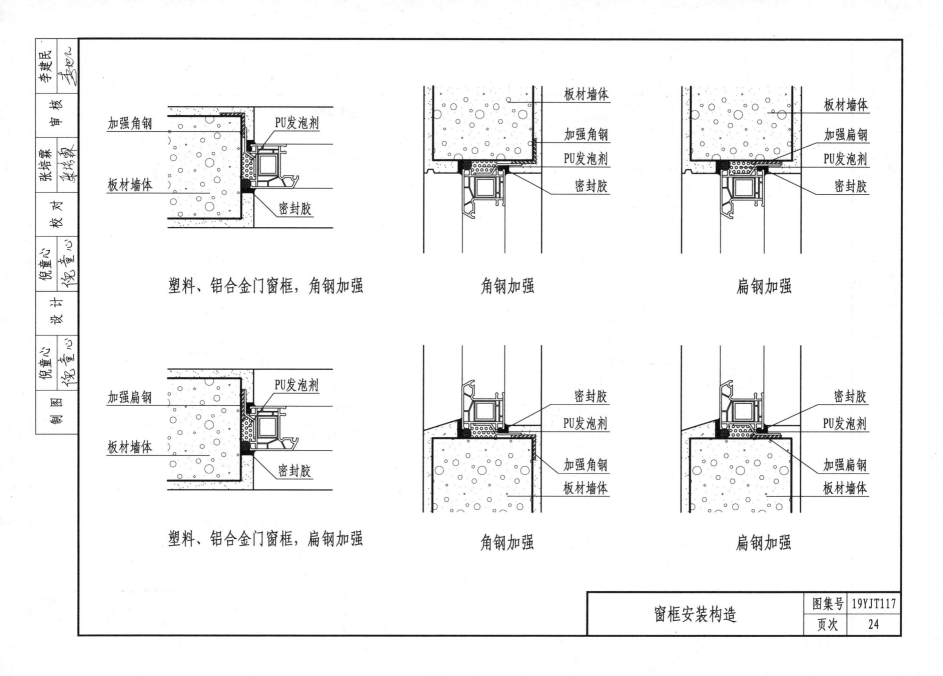

李建民
李建民

审核
审核

张培霖
张培霖

校对
校对

倪童心
倪童心

设计
倪童心

倪童心
倪童心

制图

加强角钢

板材墙体

PU发泡剂

密封胶

塑料、铝合金门窗框，角钢加强

板材墙体

加强角钢

PU发泡剂

密封胶

角钢加强

板材墙体

加强扁钢

PU发泡剂

密封胶

扁钢加强

加强扁钢

板材墙体

PU发泡剂

密封胶

塑料、铝合金门窗框，扁钢加强

密封胶

PU发泡剂

加强角钢

板材墙体

角钢加强

密封胶

PU发泡剂

加强扁钢

板材墙体

扁钢加强

窗框安装构造	图集号	19YJT117
	页次	24

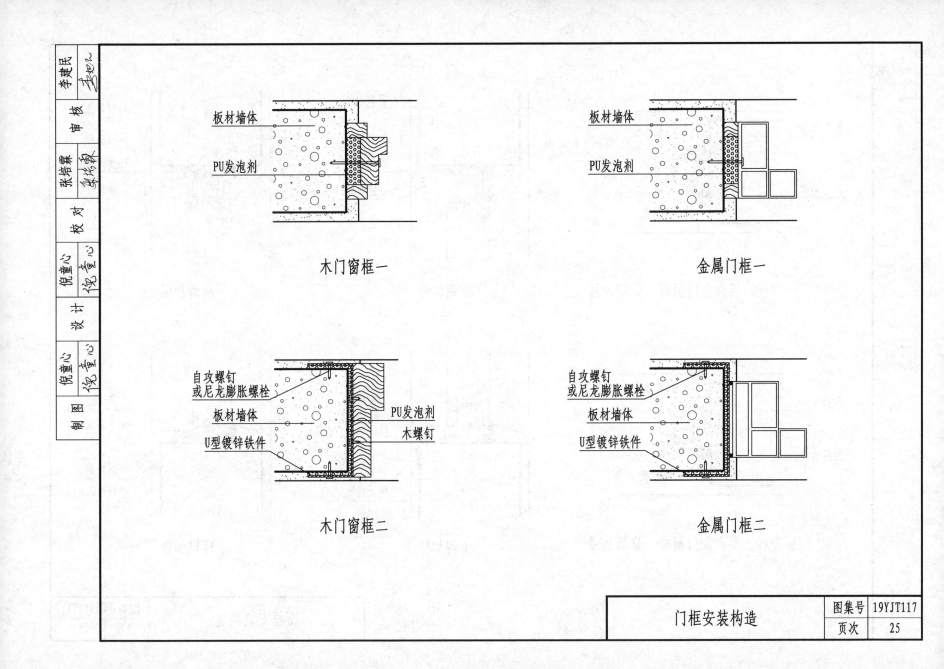

板材墙体

PU发泡剂

木门窗框一

板材墙体

PU发泡剂

金属门框一

自攻螺钉
或尼龙膨胀螺栓

板材墙体

U型镀锌铁件

PU发泡剂

木螺钉

木门窗框二

自攻螺钉
或尼龙膨胀螺栓

板材墙体

U型镀锌铁件

金属门框二

门框安装构造

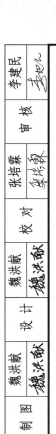
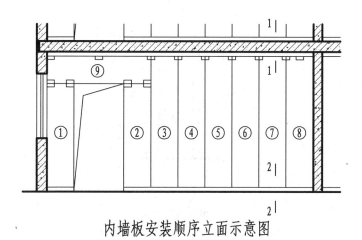

内墙板安装顺序立面示意图

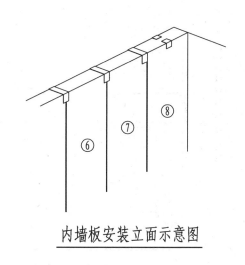

内墙板安装立面示意图

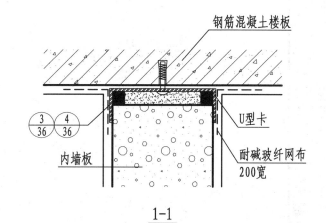

钢筋混凝土楼板

U型卡

耐碱玻纤网布
200宽

内墙板

③ ④
36 36

1-1

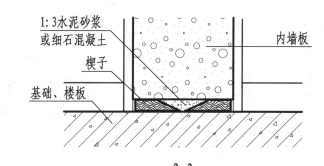

1:3水泥砂浆
或细石混凝土

楔子

基础、楼板

内墙板

2-2

注: 1. 楔子可采用加气混凝土、木材等材料制作, 若用木材
应经防腐处理。板下楔子不再撤出。

	内墙安装	图集号	19YJT117
		页次	26

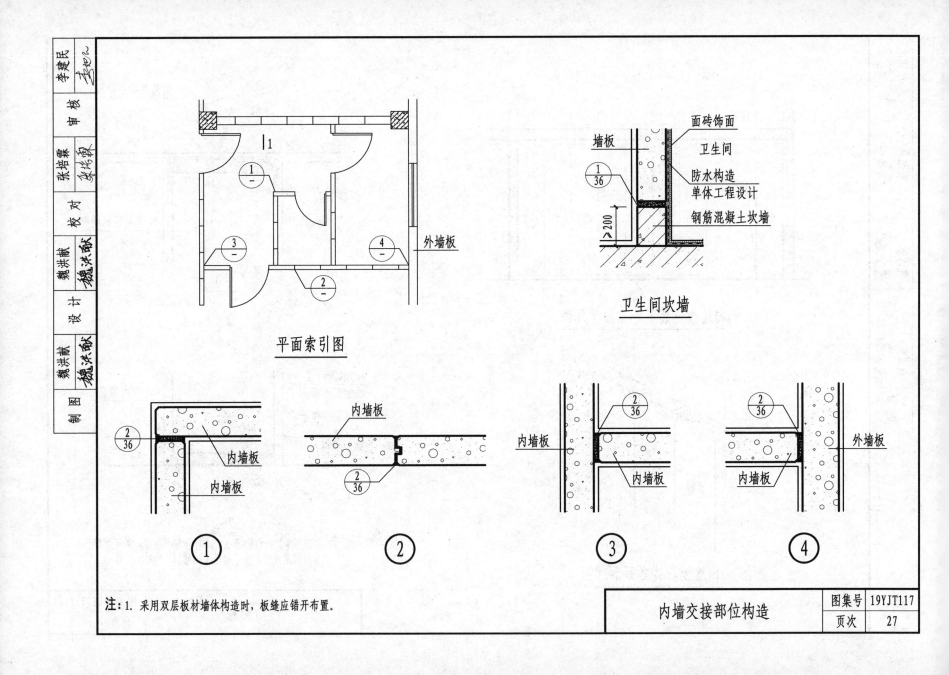

平面索引图

卫生间坎墙

①

②

③

④

注：1. 采用双层板材墙体构造时，板缝应错开布置。

内墙交接部位构造

图集号 19YJT117

页次 27

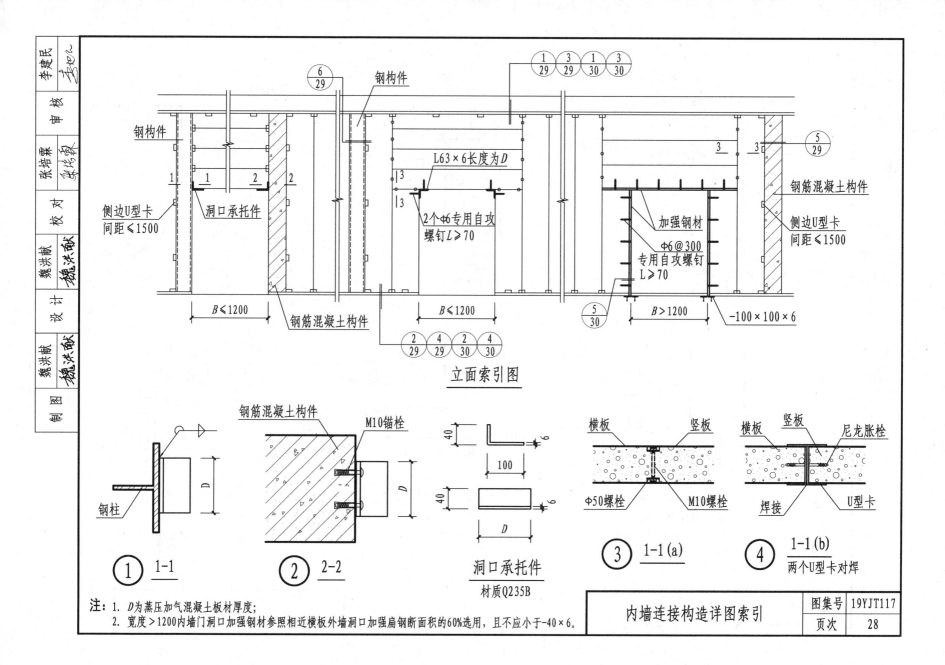

立面索引图

钢构件

侧边U型卡
间距≤1500

洞口承托件

1

1

2

$B≤1200$

钢筋混凝土构件

钢构件

$L63×6$长度为D

2个$Φ6$专用自攻
螺钉$L≥70$

$B≤1200$

3

3

加强钢材

$Φ6@300$
专用自攻螺钉
$L≥70$

$B>1200$

$-100×100×6$

侧边U型卡
间距≤1500

钢筋混凝土构件

① 1-1

钢筋混凝土构件

M10锚栓

D

② 2-2

钢柱

洞口承托件
材质Q235B

100

D

40

40

6

6

横板   竖板

$Φ50$螺栓   M10螺栓

③ 1-1(a)

横板 竖板 尼龙胀栓

焊接   U型卡

④ 1-1(b)
两个U型卡对焊

注：1. D为蒸压加气混凝土板材厚度；
2. 宽度>1200内墙门洞口加强钢材参照相近横板外墙洞口加强扁钢断面积的60%选用，且不应小于$-40×6$。

内墙连接构造详图索引

图集号 19YJT117
页次 28

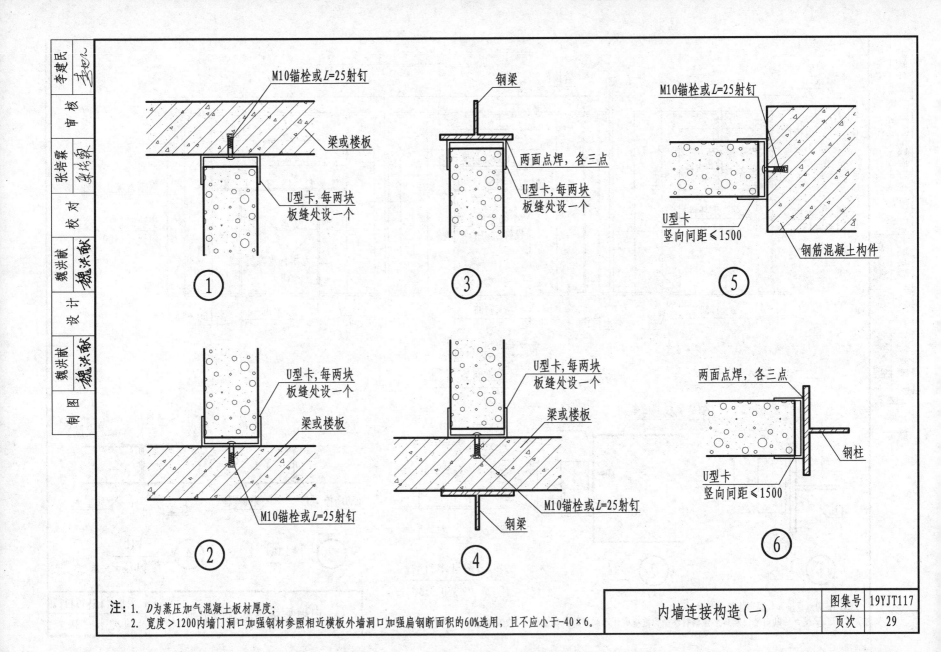

注：1. D为蒸压加气混凝土板材厚度；
　　2. 宽度>1200内墙门洞口加强钢材参照相近横板外墙洞口加强扁钢断面积的60%选用，且不应小于-40×6。

内墙连接构造(一)

图集号 19YJT117

页次 29

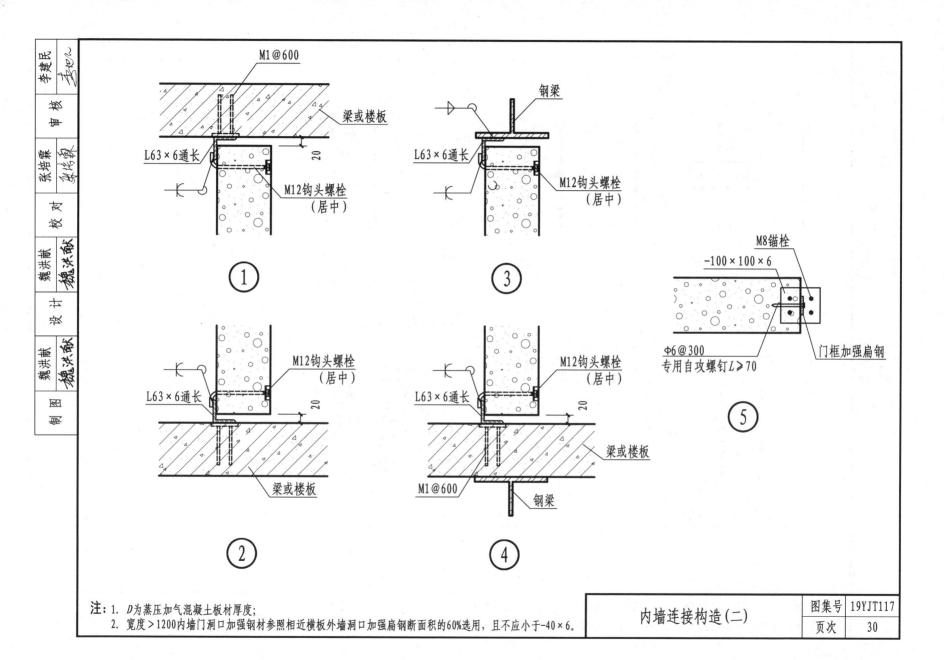

注：1. D为蒸压加气混凝土板材厚度；
　　2. 宽度＞1200内墙门洞口加强钢材参照相近横板外墙洞口加强扁钢断面积的60%选用，且不应小于－40×6。

内墙连接构造（二）

图集号	19YJT117
页次	30

墙上安装重物允许荷载

墙板厚度（mm）	允许荷载（kN）	
	静荷载	动荷载
75	0.8	0.6
100	1.1	0.8
125	1.4	1.0

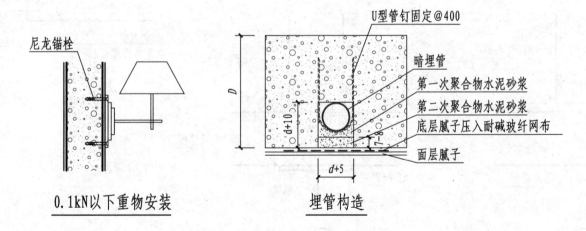

墙上重物安装　　　　　　　A—A

M12对穿螺栓

M12螺栓

角钢或扁钢用于安装重物

尼龙锚栓

0.1kN以下重物安装

U型管钉固定@400

暗埋管

第一次聚合物水泥砂浆

第二次聚合物水泥砂浆

底层腻子压入耐碱玻纤网布

面层腻子

埋管构造

注：1. 穿墙铁件应做防锈处理。
2. 墙上埋管事先弹线，切割机切出两边线槽，凿出槽口，固定管线，按图示分两次补平。
3. D为蒸压加气混凝土板材厚度，d为埋管管径，镂槽深度$d+10 \leqslant (1/3)D$。

吊柜、铁架、埋管安装

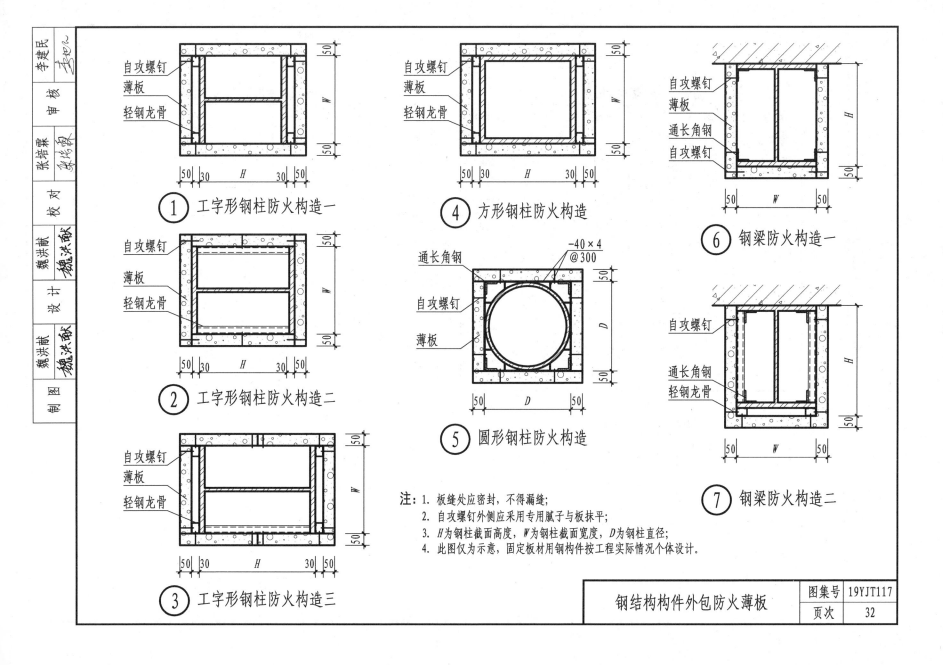

① 工字形钢柱防火构造一

② 工字形钢柱防火构造二

③ 工字形钢柱防火构造三

④ 方形钢柱防火构造

⑤ 圆形钢柱防火构造

⑥ 钢梁防火构造一

⑦ 钢梁防火构造二

自攻螺钉
薄板
轻钢龙骨
通长角钢
−40×4@300

注：1. 板缝处应密封，不得漏缝；
2. 自攻螺钉外侧应采用专用腻子与板抹平；
3. H为钢柱截面高度，W为钢柱截面宽度，D为钢柱直径；
4. 此图仅为示意，固定板材用钢构件按工程实际情况个体设计。

李建民
审 核
张培霖
校 对
魏洪献
设 计
魏洪献
制 图

钢结构构件外包防火薄板

图集号 19YJT117
页次 32

附表1 钩头螺栓选用表

型号	L(mm)	型号	L(mm)	型号	L(mm)
钩头90	90	钩头140	140	钩头190	190
钩头100	100	钩头150	150	钩头200	200
钩头110	110	钩头160	160	钩头210	210
钩头120	120	钩头170	170	钩头220	220
钩头130	130	钩头180	180	钩头250	250

注：直径Φ12，热镀锌，材质Q235B

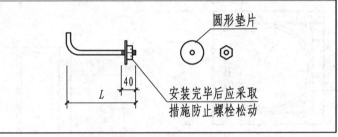

圆形垫片

安装完毕后应采取
措施防止螺栓松动

附表2 专用支承件A选用表

名称	板厚	A	B
1#	100	120	70
2#	125	120	85
3#	150	170	100
4#	≥175	170	115

注：热镀锌，材质Q235B

附表3 专用支承件B选用表

名称	板厚	A
1#	100	70
2#	125	85
3#	150	100
4#	≥175	120

注：热镀锌，材质Q235B

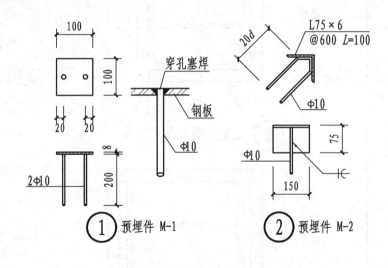

① 预埋件 M-1

② 预埋件 M-2

附表1~附表3
主要连接件选用表（一）

图集号 19YJT117

页次 33

附表4　U型卡选用表

板长	L	b	d
$H \leqslant 3000$	80	45	1.2
$3000 < H \leqslant 4500$	100	48	1.4
$4500 < H \leqslant 5500$	120	50	1.6
$5500 < H \leqslant 6000$	160	50	1.8

注：热镀锌，材质Q235B

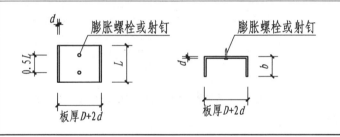

膨胀螺栓或射钉

膨胀螺栓或射钉

板厚$D+2d$

板厚$D+2d$

附表5 外墙板缝做法选用表

类型	做法编号	构造做法示意图	适用位置
底部缝	①	外 内 10~20 专用嵌缝剂 专用密封胶 PE棒 1:3水泥砂浆或细石混凝土 专用嵌缝剂	外墙板与基础、楼板交接部位的接缝
一般缝	②	外 内 <5 自然靠拢 专用嵌缝剂 专用密封胶 聚合物水泥砂浆 专用嵌缝剂	外墙除易变形部位以外的全部板与板间的接缝
易变形部位	③	外 内 10~20 专用嵌缝剂 专用密封胶 PE棒 PU发泡剂或岩棉（有防火要求时） 专用嵌缝剂	1.外墙板与其他墙、柱、梁交接部位的接缝 2.外墙横板的竖缝 3.墙板转角处竖缝 4.外包式外墙竖板的横缝 5.外墙竖板墙体长度>20m，每隔20m一道竖缝

注：1. 使用专用密封胶及专用嵌缝剂时需先使用配套底胶进行底涂处理。

附表6　内墙板缝做法选用表

类型	做法编号	构造做法示意图	适用位置
底部缝	①	10～20　1:3水泥砂浆或细石混凝土座浆	内墙板底部与基础、楼板交接部位的接缝
一般缝	②	≤5　自然靠拢　专用嵌缝剂／聚合物水泥砂浆／专用嵌缝剂	内墙板与板间的接缝
易变形部位	③	10～20　专用嵌缝剂／PU发泡剂或岩棉（有防火要求时）／专用嵌缝剂	内墙板顶部及侧边与其他墙、柱、梁交接部位的接缝
易变形部位	④	10～20　专用嵌缝剂／聚合物水泥砂浆／专用嵌缝剂	内墙板顶部及侧边与其他墙、柱、梁交接部位的接缝（仅适用于小型且刚度较大建筑）

注：1. 使用专用密封胶及专用嵌缝剂时需先使用配套底胶进行底涂处理。
　　2. 内墙板底缝填1:3水泥砂浆做法与满填细石混凝土做法应依据各生产企业的不同产品形式及施工方法确定。

附表6　内墙板缝做法选用表

图集号　19YJT117

页次　36

附表7 外墙板洞口加强扁钢选用表

竖板

风压设计值(kN/m²)	板长(mm)	洞口尺寸(mm)(宽×高)	横向构件	竖向构件
≤1.0	≤3000	(≤1500)×(≤1500)	-70×6	-70×6
		(≤2400)×(≤1800)	-70×6	-70×6
	≤4200	(≤1500)×(≤1500)	-80×8	-80×8
		(≤2400)×(≤1800)	-80×8	-80×8
≤1.6	≤3000	(≤1500)×(≤1500)	-80×8	-80×8
		(≤2400)×(≤1800)	-90×8	-90×8
	≤4200	(≤1500)×(≤1500)	-90×8	-90×8
		(≤2400)×(≤1800)	-100×8	-100×8
≤2.3	≤3000	(≤1500)×(≤1500)	-80×8	-80×8
		(≤2400)×(≤1800)	-90×8	-90×8

横板

风压设计值(kN/m²)	板长(mm)	洞口尺寸(mm)(宽×高)	横向构件	竖向构件
≤1.0	≤3000	(≤1500)×(≤1200)	-60×6	-60×6
		(≤2400)×(≤1500)	-70×6	-70×6
	≤3600	(≤1500)×(≤1200)	-70×6	-70×6
		(≤2400)×(≤1500)	-90×6	-90×6
≤1.6	≤3000	(≤1500)×(≤1200)	-70×6	-70×6
		(≤2400)×(≤1500)	-90×6	-90×6
	≤3600	(≤1500)×(≤1200)	-90×6	-90×6
		(≤2400)×(≤1500)	-90×8	-90×8
≤2.3	≤3000	(≤1500)×(≤1200)	-90×6	-90×6
		(≤2400)×(≤1500)	-90×8	-90×8
	≤3600	(≤1500)×(≤1200)	-90×8	-90×8
		(≤2400)×(≤1500)	-110×8	-110×8

注：1. 本表中钢材材质均为Q235B；
　　2. 横板长、竖板长均为计算长度，或墙板中有可靠支承的间距；
　　3. 洞口加强扁钢两端应与主结构可靠焊接，焊缝长除注明外均为满焊，焊缝高度不小于6，不大于构件厚度；
　　4. 扁钢与墙板的连接参照图集中有关节点构造，自攻螺钉长不小于100，直径不小于6，自攻螺钉应与扁钢点焊；
　　5. 当风压、横板或竖板长、洞口尺寸超过上表中的数值时，应另行计算确定洞口加强构件。

附表7 外墙板洞口加强扁钢选用表

图集号 19YJT117

附表8 外墙竖板洞口加强角钢选用表

板长(m)	洞口加强示意	洞宽(mm)	角钢规格	风压设计值 (kN/m²)				
				1	1.6	2.3	2.9	3.5
≤3.0		600	A	L60×6	L60×6	L70×6	L70×6	L70×6
			B	L60×6	L60×6	L60×6	L60×6	L60×6
		1200	A	L70×6	L70×6	L80×6	L100×6	L100×6
			B	L60×6	L60×6	L60×6	L60×6	L70×6
		1800	A	L70×6	L80×6	L100×6	L100×6	L110×6
			B	L60×6	L70×6	L80×6	L80×6	L100×6
		2400	A	L80×6	L100×6	L100×6	L125×8	L125×8
			B	L70×6	L80×6	L100×6	L100×6	L125×8
≤3.6		600	A	L60×6	L70×6	L70×6	L80×6	L80×6
			B	L60×6	L60×6	L60×6	L60×6	L60×6
		1200	A	L70×6	L80×6	L100×6	L100×6	L100×6
			B	L60×6	L60×6	L60×6	L70×6	L70×6
		1800	A	L80×6	L100×6	L100×6	L125×8	L125×8
			B	L60×6	L70×6	L80×6	L100×6	L100×6
		2400	A	L100×6	L100×6	L125×8	L140×10	L140×10
			B	L80×6	L100×6	L100×6	L125×8	L125×8

板长 (m)	洞口 加强示意	洞宽 (mm)	角钢 规格	风压设计值 (kN/m²)				
				1	1.6	2.3	2.9	3.5
≤4.2		600	A	L70×6	L80×6	L80×6	L100×6	L100×6
			B	L60×6	L60×6	L60×6	L60×6	L60×6
		1200	A	L80×6	L100×6	L100×6	L125×8	L125×8
			B	L60×6	L60×6	L70×6	L70×6	L80×6
		1800	A	L100×6	L100×6	L125×8	L140×10	L140×10
			B	L70×6	L80×6	L100×6	L100×6	L100×6
		2400	A	L100×6	L110×6	L140×10	L150×10	L150×10
			B	L80×6	L100×6	L100×6	L125×8	L125×8

注：1、本表中钢材材质均为Q235B；
　　2、竖板长均为竖向墙板的计算长度；
　　3、洞口加强角钢两端应与主结构可靠焊接，焊缝长除注明外均为满焊，焊缝高度不小于6，不大于构件厚度；
　　4、角钢与墙板的连接参照图集中有关节点构造；
　　5、本选用表中，加强角钢按洞口高度≥600计算；
　　6、当风压、竖板长、洞口尺寸超过上表中的数值时，应另行计算确定洞口加强构件。

附表9　外墙横板洞口加强角钢选用表

板长(m)	洞口加强示意	洞宽(mm)	角钢规格	风压设计值（kN/m²）				
				1	1.6	2.3	2.9	3.5
≤3.0		600	A	L60×6	L60×6	L70×6	L70×6	L70×6
			B	L60×6	L60×6	L60×6	L60×6	L60×6
		1200	A	L70×6	L70×6	L80×6	L100×6	L100×6
			B	L60×6	L60×6	L60×6	L60×6	L70×6
		1800	A	L70×6	L80×6	L100×6	L100×6	L125×8
			B	L60×6	L70×6	L80×6	L80×6	L100×6
		2400	A	L80×6	L100×6	L100×6	L125×8	L125×8
			B	L70×6	L80×6	L100×6	L100×6	L125×8
≤4.2		600	A	L70×6	L80×6	L80×6	L100×6	L100×6
			B	L60×6	L60×6	L60×6	L60×6	L60×6
		1200	A	L80×6	L100×6	L100×6	L125×8	L125×8
			B	L60×6	L60×6	L70×6	L70×6	L80×6
		1800	A	L100×6	L100×6	L140×10	L140×10	L140×10
			B	L70×6	L80×6	L100×6	L100×6	L100×6
		2400	A	L100×6	L125×8	L140×10	L150×10	L150×10
			B	L80×6	L100×6	L100×6	L125×8	L125×8

附表9 外墙横板洞口加强角钢选用表

李建民
审核 张培霖
校对
魏洪献 设计
魏洪献 制图

续附表9

板长 (m)	洞口加强示意	洞宽 (mm)	角钢规格	风压设计值 (kN/m²)				
				1	1.6	2.3	2.9	3.5
≤6.0		600	A	L80×6	L100×6	L125×8	L125×8	L125×8
			B	L60×6	L60×6	L60×6	L60×6	L60×6
		1200	A	L100×6	L125×8	L140×10	L150×10	L150×10
			B	L60×6	L70×6	L70×6	L80×6	L100×6
		1800	A	L125×8	L140×10	L150×10	–	–
			B	L70×6	L100×6	L100×6	–	–
		2400	A	L140×10	L150×10	–	–	–
			B	L100×6	L125×8	–	–	–

注：1、本表中钢材材质均为Q235B;
2、竖板长均为竖向墙板的计算长度;
3、洞口加强角钢两端应与主结构可靠焊接，焊缝长除注明外均为满焊，焊缝高度不小于6，不大于构件厚度;
4、角钢与墙板的连接参照图集中有关节点构造;
5、本选用表中，加强角钢按洞口高度≥600计算;
6、当风压、竖板长、洞口尺寸超过上表中的数值时，应另行计算确定洞口加强构件。

附表10 B05级蒸压加气混凝土板材墙体热工指标选用表（寒冷地区）

板材厚度	板材导热系数λ [W/(m·K)]	蓄热系数S [W/(m²·K)]	修正系数 α	热阻R (m²·K/W)	热惰性指标 D_i	传热阻R_0 (m²·K/W)	传热系数K (W/m²·K)	总热惰性指标D
150				1.19	3.21	1.34	0.75	3.21
175				1.38	3.75	1.53	0.65	3.75
200	0.11	2.05	1.15	1.58	4.29	1.73	0.58	4.29
240				1.90	5.14	2.05	0.49	5.14
250				1.98	5.36	2.13	0.47	5.36
150				1.09	3.08	1.24	0.81	3.08
175				1.27	3.59	1.42	0.70	3.59
200	0.12	2.14	1.15	1.45	4.10	1.60	0.63	4.10
240				1.74	4.92	1.89	0.53	4.92
250				1.81	5.13	1.96	0.51	5.13
150				1.00	2.96	1.15	0.87	2.96
175				1.17	3.45	1.32	0.76	3.45
200	0.13	2.23	1.15	1.34	3.95	1.49	0.67	3.95
240				1.61	4.73	1.76	0.57	4.73
250				1.67	4.93	1.82	0.55	4.93
150				0.93	2.85	1.08	0.93	2.85
175				1.09	3.32	1.24	0.81	3.32
200	0.14	2.31	1.15	1.24	3.80	1.39	0.72	3.80
240				1.49	4.55	1.64	0.61	4.55
250				1.55	4.74	1.70	0.59	4.74

附表11 B05级蒸压加气混凝土板材墙体热工指标选用表（夏热冬冷地区）

板材厚度	板材导热系数λ [W/(m·K)]	蓄热系数S [W/(m²·K)]	修正系数 α	热阻R (m²·K/W)	热惰性指标 D_i	传热阻R_0 (m²·K/W)	传热系数K (W/m²·K)	总热惰性指标D
150				1.14	3.35	1.29	0.78	3.35
175				1.33	3.91	1.48	0.68	3.91
200	0.11	2.05	1.20	1.52	4.47	1.67	0.60	4.47
240				1.82	5.37	1.97	0.51	5.37
250				1.89	5.59	2.04	0.49	5.59
150				1.04	3.21	1.19	0.84	3.21
175				1.22	3.75	1.37	0.73	3.75
200	0.12	2.14	1.20	1.39	4.28	1.54	0.65	4.28
240				1.67	5.14	1.82	0.55	5.14
250				1.74	5.35	1.89	0.53	5.35
150				0.96	3.09	1.11	0.90	3.09
175				1.12	3.60	1.27	0.79	3.60
200	0.13	2.23	1.20	1.28	4.12	1.43	0.70	4.12
240				1.54	4.94	1.69	0.59	4.94
250				1.60	5.15	1.75	0.57	5.15
150				0.89	2.97	1.04	0.96	2.97
175				1.04	3.47	1.19	0.84	3.47
200	0.14	2.31	1.20	1.19	3.96	1.34	0.75	3.96
240				1.43	4.75	1.58	0.63	4.75
250				1.49	4.95	1.64	0.61	4.95

附表12　B06级蒸压加气混凝土板材墙体热工指标选用表（寒冷地区）

板材厚度	板材导热系数λ [W/(m·K)]	蓄热系数S [W/(m²·K)]	修正系数α	热阻R (m²·K/W)	热惰性指标 D_i	传热阻R_0 (m²·K/W)	传热系数K (W/m²·K)	总热惰性指标D
150	0.13	2.44	1.15	1.00	3.24	1.15	0.87	3.24
175				1.17	3.78	1.32	0.76	3.78
200				1.34	4.32	1.49	0.67	4.32
240				1.61	5.18	1.76	0.57	5.18
250				1.67	5.40	1.82	0.55	5.40
150	0.14	2.53	1.15	0.93	3.12	1.08	0.93	3.12
175				1.09	3.64	1.24	0.81	3.64
200				1.24	4.16	1.39	0.72	4.16
240				1.49	4.99	1.64	0.61	4.99
250				1.55	5.20	1.70	0.59	5.20
150	0.15	2.62	1.15	0.87	3.01	1.02	0.98	3.01
175				1.01	3.52	1.16	0.86	3.52
200				1.16	4.02	1.31	0.76	4.02
240				1.39	4.82	1.54	0.65	4.82
250				1.45	5.02	1.60	0.63	5.02
150	0.16	2.71	1.15	0.82	2.92	0.97	1.03	2.92
175				0.95	3.41	1.10	0.91	3.41
200				1.09	3.90	1.24	0.81	3.90
240				1.30	4.67	1.45	0.69	4.67
250				1.36	4.87	1.51	0.66	4.87

附表12 B06级板材墙体
热工指标选用表（寒冷地区）

附表13　B06级蒸压加气混凝土板材墙体热工指标选用表（夏热冬冷地区）

板材厚度	板材导热系数 λ [W/(m·K)]	蓄热系数 S [W/(m²·K)]	修正系数 α	热阻 R (m²·K/W)	热惰性指标 D_i	传热阻 R_0 (m²·K/W)	传热系数 K (W/m²·K)	总热惰性指标 D
150				0.96	3.38	1.11	0.90	3.38
175				1.12	3.94	1.27	0.79	3.94
200	0.13	2.44	1.2	1.28	4.50	1.43	0.70	4.50
240				1.54	5.41	1.69	0.59	5.41
250				1.60	5.63	1.75	0.57	5.63
150				0.89	3.25	1.04	0.96	3.25
175				1.04	3.80	1.19	0.84	3.80
200	0.14	2.53	1.2	1.19	4.34	1.34	0.75	4.34
240				1.43	5.20	1.58	0.63	5.20
250				1.49	5.42	1.64	0.61	5.42
150				0.83	3.14	0.98	1.02	3.14
175				0.97	3.67	1.12	0.89	3.67
200	0.15	2.62	1.2	1.11	4.19	1.26	0.79	4.19
240				1.33	5.03	1.48	0.68	5.03
250				1.39	5.24	1.54	0.65	5.24
150				0.78	3.05	0.93	1.08	3.05
175				0.91	3.56	1.06	0.94	3.56
200	0.16	2.71	1.2	1.04	4.07	1.19	0.84	4.07
240				1.25	4.88	1.40	0.71	4.88
250				1.30	5.08	1.45	0.69	5.08

附表13 B06级板材墙体
热工指标选用表（夏热冬冷地区）

图集号 19YJT117

附表14 B07级蒸压加气混凝土板材墙体热工指标选用表（寒冷地区）

板材厚度	板材导热系数λ [W/(m·K)]	蓄热系数 S [W/(m²·K)]	修正系数 α	热阻 R (m²·K/W)	热惰性指标 D_i	传热阻R_0 (m²·K/W)	传热系数K (W/m²·K)	总热惰性指标D
150				0.87	3.25	1.02	0.98	3.25
175				1.01	3.80	1.16	0.86	3.80
200	0.15	2.83	1.15	1.16	4.34	1.31	0.76	4.34
240				1.39	5.21	1.54	0.65	5.21
250				1.45	5.42	1.60	0.63	5.42
150				0.82	3.15	0.97	1.03	3.15
175				0.95	3.67	1.10	0.91	3.67
200	0.16	2.92	1.15	1.09	4.20	1.24	0.81	4.20
240				1.30	5.04	1.45	0.69	5.04
250				1.36	5.25	1.51	0.66	5.25
150				0.77	3.05	0.92	1.09	3.05
175				0.90	3.56	1.05	0.95	3.56
200	0.17	3.01	1.15	1.02	4.07	1.17	0.85	4.07
240				1.23	4.89	1.38	0.72	4.89
250				1.28	5.09	1.43	0.70	5.09
150				0.72	2.97	0.87	1.15	2.97
175				0.85	3.47	1.00	1.00	3.47
200	0.18	3.10	1.15	0.97	3.96	1.12	0.89	3.96
240				1.16	4.75	1.31	0.76	4.75
250				1.21	4.95	1.36	0.74	4.95

附表14 B07级板材墙体 热工指标选用表（寒冷地区）	图集号	19YJT117
	页次	46

附表15 B07级蒸压加气混凝土板材墙体热工指标选用表（夏热冬冷地区）

板材厚度	板材导热系数λ [W/(m·K)]	蓄热系数S [W/(m²·K)]	修正系数 α	热阻R (m²·K/W)	热惰性指标 D_i	传热阻R_0 (m²·K/W)	传热系数K (W/m²·K)	总热惰性指标D
150				0.83	3.40	0.98	1.02	3.40
175				0.97	3.96	1.12	0.89	3.96
200	0.15	2.83	1.20	1.11	4.53	1.26	0.79	4.53
240				1.33	5.43	1.48	0.68	5.43
250				1.39	5.66	1.54	0.65	5.66
150				0.78	3.29	0.93	1.08	3.29
175				0.91	3.83	1.06	0.94	3.83
200	0.16	2.92	1.20	1.04	4.38	1.19	0.84	4.38
240				1.25	5.26	1.40	0.71	5.26
250				1.30	5.48	1.45	0.69	5.48
150				0.74	3.19	0.89	1.12	3.19
175				0.86	3.72	1.01	0.99	3.72
200	0.17	3.01	1.20	0.98	4.25	1.13	0.88	4.25
240				1.18	5.10	1.33	0.75	5.10
250				1.23	5.31	1.38	0.72	5.31
150				0.69	3.10	0.84	1.19	3.10
175				0.81	3.62	0.96	1.04	3.62
200	0.18	3.10	1.20	0.93	4.13	1.08	0.93	4.13
240				1.11	4.96	1.26	0.79	4.96
250				1.16	5.17	1.31	0.76	5.17